与孩子一起学编程

基于计算思维的
Scratch 项目式编程

陶双双 ◎ 编著

清华大学出版社

北京

内 容 简 介

本书的主旨是在项目式编程中提升计算思维能力。编程工具选用的是 Scratch，讲解体例模拟实际的软件项目开发流程，从需求分析到总体设计再到详细设计以及编程实现和代码调试，在这样一个过程中，建立一种整体化、系统化地解决问题的思维方式。

本书包含 10 个由浅入深的项目，首先由"Scratch 探寻之旅"作为导入项目，后续有《迷宫寻宝》《双人射击比赛》《涂鸦世界》等贴近生活实际的小游戏，也有《跳跃的小鸟》《小猫历险记》《贪吃蛇》等功能逻辑复杂的游戏，还有《智能小项目》《口算练习》《有声影集》等能服务于生活需求的应用项目。各个项目之间难易递进，可以满足不同读者的需求。通过本书的学习，读者不仅能对 Scratch 编程基础知识有全面了解，还能在体验项目开发的全过程中，提升逻辑分析与计算思维能力，从而有效地解决问题。

本书适用于小学生、中学生，也适用于对 Scratch 编程感兴趣的家长和孩子，同时对中小学教师也具有一定的参考价值。

图书在版编目(CIP)数据

基于计算思维的Scratch项目式编程 / 陶双双编著. — 北京：清华大学出版社，2019
（与孩子一起学编程）
ISBN 978-7-302-52059-7

Ⅰ. ①基… Ⅱ. ①陶… Ⅲ. ①程序设计—青少年读物 Ⅳ. ①TP311.1-49

中国版本图书馆 CIP 数据核字(2019)第 008134 号

责任编辑：赵　凯　李　晔
封面设计：刘　键
责任校对：梁　毅
责任印制：李红英

出版发行：清华大学出版社
　　　　　网　　址：http://www.tup.com.cn，http://www.wqbook.com
　　　　　地　　址：北京清华大学学研大厦 A 座　　　　　邮　　编：100084
　　　　　社 总 机：010-62770175　　　　　邮　　购：010-62786544
　　　　　投稿与读者服务：010-62776969，c-service@tup.tsinghua.edu.cn
　　　　　质 量 反 馈：010-62772015，zhiliang@tup.tsinghua.edu.cn
印 装 者：三河市龙大印装有限公司
经　　销：全国新华书店
开　　本：212mm×260mm　　　　印　　张：16.5　　　字　　数：324 千字
版　　次：2019 年 7 月第 1 版　　　　印　　次：2019 年 7 月第 1 次印刷
定　　价：79.00 元

产品编号：080560-01

本书编审委员会:

王 戈　王慧敏　支成秀　白 洁　刘 莹
陈鲁美　沈福杰　殷凤杰　穆 颖

前　言

感谢您翻开本书，希望在这次学习的旅程中，您能体验到软件编程的全过程，能用Scratch工具实现自己的想法和创意，享受编程带来的乐趣和成就感！

近几年，随着科技的飞速发展，以前看似高大上的技术越来越"亲民"，如无人驾驶、智能医疗、智能家居、语音识别等，科技已经在我们身边！相应地，编程教育也在逐渐地下移到中小学阶段。从传统的高级语言到图形化编程工具，使得编程就像是在搭积木，如Scratch、Blockly、Ardublock等编程工具。同样，硬件也趋于多样化，有开源的Arduino开发板、Microbit开发板，等等。

面对琳琅满目、层出不穷的产品，我们难免会面临选择的矛盾，有些孩子恨不得把这些都学到。其实只要明确了"编程学习的目的"，选择起来就会很轻松。

1. 编程能实现创意

以前，编程是专业程序员的事情，因为编程语言有专门的变量、表达式、函数和逻辑结构，程序员需要记忆大量的指令，解决很多细小的问题，这对于中小学生来说难度很大。但是有了图形化编程工具后，学习者无须记忆枯燥的指令，只要有想法，有一定的逻辑思维，知道每个积木块指令的含义，就可以拼接和组合指令，来实现预期的想法和创意。这样一来，编程就类似于写文章，有主题思想，有结构设计就能遣词造句（拼接指令）。当学习者带着兴趣学习编程时，科技已变得不再神秘。

2. 编程能锻炼思维

编程是一个全周期的过程，首先要分析项目的功能，然后分解项目包含的功能模块，再逐个模块地进行详细设计和编程实现，之后再调试、修改，直到程序能正常运行，其中每个环节都离不开严谨的思维过程。比如：在描述项目功能时需要用文字去抽象，并划分功能模块时，运用思维导图对其分析、分解和设计；在对重点模块进行算法分析时，运用流程图表达问题求解的步骤和逻辑；最终在编程和调试时，又需要分析、检验和求证思维……整个过程环环相扣，缺一不可。所以，编程是一个问题求解的过程，能够训练和提升学习者的计算思维能力。

3. 编程能分享和协作

编程过程中，出错是常事。为了解决错误，需要分析问题，需要与同学讨论，所以学习过程中"协作"便成为自然而然的事情。大家互相帮忙，分享建议，共同寻找解决问题的办法，在帮助别人的过程中开阔思维和眼界。

因此，编程工具或者硬件选用什么都不重要，重要的是学习者要能体验编程的全过程，能一直带着想法去经历构思、设计、编程、调试，也就能始终体验着分析、抽象、概括、逻辑等思维过程……只要思维被激活，学习者就能进行有效学习，就会有动力去不断地挑战自我，其学习能力也就在潜移默化中得以提升。

我想，这就是中小学生学习编程的真谛，也是本书行文过程中所基于的核心：将编程作为一种工具，通过编程去体验抽象、分析、概括、分解、综合、辨别等一系列思维活动，提升计算思维能力，从而能更好地分析和解决问题。

致谢

在书稿撰写过程中，得到了身边很多同行和朋友的帮助，他们都来自教学一线，能将自己宝贵的教学经验融入进来。感谢我的闺蜜刘莹老师，也是我曾经的同事，我们一起合作解决了很多难题，感谢她一直以来对我的鼓励、支持和肯定。感谢教研员王戈老师，在我的教学生涯从高职转向中小学的时候，王老师给予了我诸多指导和建议，同时给了我很多发挥专业优势的机会。

感谢3F Learning创始人李幸呈老师，他关注孩子当下的快乐学习体验，提出了3F教育理念，Facilitate learning with Fun for the Future，即：助乐学，创未来。在参与李幸呈老师组织的儿童编程教学实践中，我看到了孩子们脸上洋溢着欣喜和兴奋！在书稿撰写过程中，也参考了网上的一些资源，在此对相关作者表示感谢！

感谢我的先生和女儿，在我萌生撰写本书稿的想法时，他们就给予了充分的肯定，并一如既往地信任、鼓励和支持我。女儿虽然正值高三关键期，但是很自律、独立。每天晚自习放学，先生也都能按时陪伴孩子回家，让我可以安心撰写书稿。

感谢我的家人和朋友，在父亲突然离世时，大家能团结一致，化悲痛为力量。感谢母亲的坚强和家人的付出，给了我安心工作和生活的信心。也感谢公公与婆婆，对我一直以来的理解、关爱与照顾，感谢亲人朋友所给予的帮助。

每每想起我的父亲，眼前总是浮现出他精心侍弄花草时的认真劲儿，拉二胡时自娱自乐的享受劲儿……父亲细致了一辈子，平时愿意拾掇一些我们看来没用的东西，在我们遇到难题时却总是能突然拿出这些"宝贝"来救急……我会努力争取将父亲的这种认真和细致用到教学和研究中，并珍惜和感恩拥有的一切！

再次希望本书能带您一起体验编程的乐趣，发现不一样的自己！

编者

2018年10月

目 录

项目1 Scratch探寻之旅

1.1 认识Scratch

1.1.1 Scratch是什么

① 发展历史

Scratch是一款由麻省理工学院（MIT）创新实验室设计开发的图形化编程工具，主要面向青少年。学习者不需要编写枯燥的代码，只需要知道每个积木块的功能以及行为之间的逻辑关系，就可以根据需要拼接积木块来实现功能。几乎所有的学习者都会一眼喜欢上这个软件，萌发出编程的欲望。2006年发布了Scratch 1.4版本，目前官方发布的最新版本是Scratch 2.0，Scratch 3.0在官网上开放了测试版，不久将会发布。

② 编程主旨

Scratch可以创作数字作品，如交互式故事、动画等，可以设计和开发游戏，也可以与硬件，如Arduino、主板、乐高机器人等结合来进行开发。其秉承的理念是"创造、探索和分享"。学习者在编程中，可以体验到创造与构思、分析与设计、交流与讨论，进而体验分析问题和解决问题的全过程，因此，会从"学习如何编程（learn to code）"上升到"在编程中提升思考能力和学习能力（code to learn）"。

1.1.2 Scratch下载及安装

Scratch官方网站是https://scratch.mit.edu。开发组织除了保留Scratch名称和"小猫"标志的版权外，公布了全部源码，允许第三方任意修改和传播，这种开源、分享的思想，也是Scratch被广泛应用的主要原因之一。目前已经有150多个国家在使用，并被翻译成了40多种语言。

1. 下载Scratch程序

❶ 下载方法

打开网络浏览器，在地址栏中输入网址scratch.mit.edu，按Enter键，进入Scratch官方网站，如图1-1所示，网页上的这些小角色是不是很好玩呢？

图1-1　Scratch官网首页上方

Scratch支持在线和离线两种编程模式。如果希望在线开发，只需要单击首页顶部的Create，就可以进入在线编辑模式，但这需要确保计算机能够连接网络；也可以下载Scratch离线编辑器，将其安装在计算机上，即使计算机没有连接网络，学习者仍然可以开发，最终将保存的程序文件上传到官方网站分享即可。

在网站首页的最下方找到Support→Offline Editor（离线版编辑器），如图1-2所示。

图1-2　Scratch官网首页下方

单击进入下一个页面，如图1-3所示。需要下载两个关键程序：Adobe AIR和Scratch Offline Editor。不同操作系统对应不同的版本，如图1-3所示，分别是Mac OS系统、Windows

系统和Linux系统3种，用户可以根据机器的操作系统下载相应的安装程序。第三个Support Materials是支持材料，里面有一些学习资料和程序案例，可以下载使用。需注意，下载文件时要记住文件存储的位置，以便在安装时能找到。

图1-3　Scratch官网下载页面

② 安装方法

这里以Windows操作系统为例，介绍Scratch软件的安装方法。

2. Scratch安装过程

1）安装Adobe AIR

Adobe AIR是Scratch跨平台运行所需要的支撑程序，需要先安装。找到该文件后，双击文件图标，运行Adobe AIR Installer程序，按照默认设置连续单击"下一步"按钮，直到显示安装成功。

2）安装Scratch

双击Scratch-454.exe文件图标，运行Scratch安装程序。系统会询问程序安装在什么路径下，建议按照默认值即可。单击"下一步"按钮，直到安装完成后，会自动打开Scratch界面，至此Scratch离线版编程软件就安装完成了。

观察计算机的桌面上有没有多出一个小猫的图标呢？如图1-4所示，这是Scratch程序的快捷方式（参考后面"知识扩展"的内容）。以后如果要打开Scratch，直接把鼠标指针移动到小猫图标上，双击即可。

有时候Scratch打开后会直接显示界面，有时候则直接最小化到屏幕最下方的任务栏上，别忘了去任务栏上单击。

打开Scratch后，经常会提示"发现新版本"，如图1-5所示。因为Scratch开发团队经常会更新素材库中的角色和造型，用户可以根据需要单击"立即更新"按钮。当然Adobe AIR也经常有更新提示，如图1-6所示，单击"更新"按钮即可。注意，软件在更新时，可能需要一定的时间，别着急，耐心等待即可。

图1-4　快捷方式　　图1-5　Scratch更新提示　　图1-6　Adobe AIR更新提示

1.1.3　Scratch 2.0工作界面

Scratch工作界面简洁清晰，主要分为两个部分：主界面（固定）和分界面（共用）。

① 主界面

主界面主要有菜单栏、舞台区、背景区、角色区、脚本/造型/声音区、帮助区，如图1-7所示。

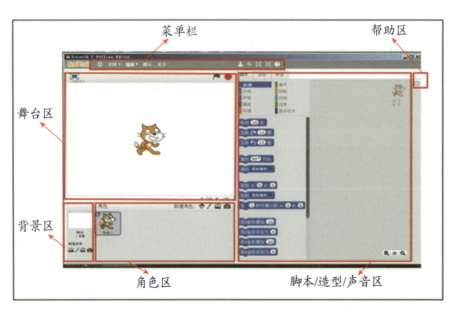

图1-7　Scratch主界面

1）菜单栏

（1）语言选择按钮。

菜单栏最左侧有个小地球按钮，单击可以选择所在国家的语言。初次打开Scratch时，默认是英文环境，可以根据需要切换到相应的语言，中文在靠后位置，需要耐心寻找。

3. Scratch 2.0工作界面

（2）文件菜单。

单击"文件"，出现菜单项列表，如果要建立新文件或者保存文件，可以单击"新建项目"或者"保存项目"，下面介绍其他几个选项。

- 录制成视频：在Scratch 2.0版本中，增加了录制视频功能，能够将作品录制成一分钟以内的视频，录制时可以边演示边讲解，之后把录制好的视频保存到本机上，或者将其上传到视频网站（如优酷），还可以建立分享链接，将其分享到朋友圈，让大家看到你的作品，给你点赞、提建议，是不是很有成就感呢？

- 分享到网站：因为本书使用的是离线版的Scratch，所以若想分享作品，需要将其上传到官网。单击"分享到网站"就可以轻松完成，只需要输入你的作品名称、用户名和密码就可以上传到你的账户里了。至于账号，需要在官网提前申请。

- 检查更新：Scratch目前的版本是2.0，但每隔一段时间就会完善一下功能，如增加背景库和角色库的图片资源等。可以定期地单击该项，系统会判断并显示出新的版本，单击"立即更新"即可。

（3）编辑菜单。

- 撤销删除：当在编程时执行了删除操作，如删除了某个角色或背景或图形或指令块后，发现不想删除了，可以单击"撤销删除"，将刚刚删除的内容恢复过来。不过它只能把最近一次的删除内容还原回来。因此，在做任何的删除操作时，还是要谨慎。

- 小舞台布局：Scratch打开后默认的是大舞台模式，但有时要给右侧的分界面足够的空间，可以单击该项切换到"小舞台"布局（再单击可以切换回大舞台布局）。在编程时可以根据需要灵活切换两种模式。

- 加速模式：单击"加速模式"后，会发现整个程序运行的速度加快，这对于一些复杂的或者对速度要求特别高的程序很有用，如竞技类游戏等。

（4）提示和关于菜单。

单击"提示"菜单项，打开帮助窗口，这里有很多帮助资料，初学者可以跟随学习；单击"关于"菜单项将自动连接到官网，可以查看更多Scratch资料。

2）核心区域

（1）舞台区：就像实际演出时的舞台一样，程序中的角色（演员）可以在舞台上出现和做出动作。该区域有一个程序播放最大化按钮 、程序开始绿旗按钮 以及程序终止红灯按钮 。

（2）背景区：在该区可以添加一张或多张背景图片。

（3）角色区：该区是角色的列表区域，可以添加或者绘制角色。程序中的角色都在该区域列出来，相当于实际演出时演员的候场区。

（4）脚本/造型/声音区：该区是脚本、造型、声音共用区，每个分区有不同的内容，在分界面中会作详细介绍。

3）帮助区

该区在Scratch窗口的最右侧一列，默认是折叠隐藏状态，单击上方的问号按钮，或者菜单栏的"提示"选项，就可以打开帮助区，有很多示例程序供大家学习参考。

② **分界面**

1）脚本界面

单击背景区的舞台背景后，或者单击角色区的某个角色，就会看到屏幕左上方的"脚本"选项卡，界面如图1-8所示，主要包括指令区和编程区。

2）造型界面

单击"造型"或"背景"选项卡后，界面如图1-9所示，包含添加背景或造型的工具，现有的背景或造型图片的列表以及绘图编辑区，可以绘制或者修改造型和背景。

3）声音界面

在声音界面中，可以添加或者录制声音，声音文件显示在列表区，右侧是声音编辑区，在该区中能看到声音的波形，可以播放、停止声音，还可以对声音进行编辑和效果处理等，如图1-10所示。

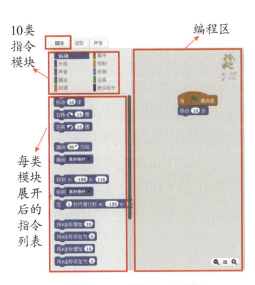

图1-8　"脚本"选项卡

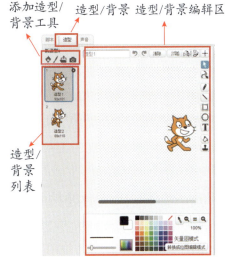

图1-9　"造型/背景"选项卡

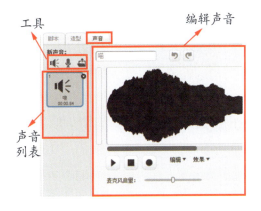

图1-10　"声音"选项卡

 知识扩展：快捷方式

4.建立快捷方式

　　我们的计算机桌面上有很多五颜六色的图标，有没有注意到，这些图标的左下角都有一个非常小的箭头。这说明该图标是一个快捷方式，直接双击这个快捷方式，就可以快速启动程序。想一想，如果没有这个快捷方式，要打开一个程序需要如何操作呢？

　　可以到"开始"→"程序"里去找，或者要到这个文件的"家"里去找（也就是文件放在很多层次的文件夹中）。如果每次都这样启动程序，是不是很麻烦呢？

所以，快捷方式是应用程序的快速链接，有了快捷方式，就不需要到文件夹里去启动程序了。

1.2 Scratch 3.0介绍

Scratch 3.0是MIT和Google合作共同打造，采用HTML5的页面技术，未来 5. 认识Scratch 3.0 可以在iOS和Android移动设备及计算机上跨平台使用。官方给出的Scratch 3.0的测试版，网址为 https://beta.scratch.mit.edu/， 其工作界面如图1-11所示。

图1-11   Scratch 3.0工作界面

1.2.1　界面结构

与Scratch 2.0相比，界面结构有了变化，舞台和角色背景区放置在了最右侧，在这里可以添加角色和背景；左侧是脚本/造型/声音共用界面，在这里可以拖动指令编写程序、使用绘图编辑器修改造型、添加声音等。

① 角色/背景列表区

如图1-12所示，角色列表区显示的信息包括角色名、坐标位置、显示/隐藏、大小、面向方向。与Scratch 2.0相比，多出了设置"大小"项。

图1-12　Scratch 3.0角色/背景列表区

② 脚本指令区

单击"Code脚本"，如图1-13所示，Scrach 3.0中显示运动（Motion）、外观（Looks）、声音（Sound）、事件（Events）、控制（Control）、侦测（Sensing）、运算（Operators）、变量（Variables）、自定义模块（My Block）和添加扩展（Add Extension）。

在添加扩展中，Scratch 3.0把音乐、画笔和视频侦测分别从声音、画笔、侦测模块分离出来，单独作为一个扩展模块。增加了翻译模块、语音识别功能，并支持micro:bit主板、乐高等硬件设备的开发。

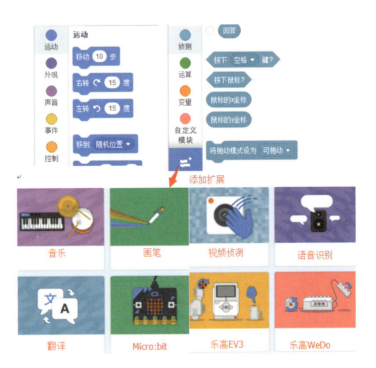

图1-13　Scratch 3.0脚本指令区

③ 造型编辑区

如图1-14所示，造型编辑区中的工具与Scratch 2.0基本类似，在呈现方式上略有差别。在该区中，最大的改变是支持中文文本的输入，这是值得称赞的地方。

④ 声音编辑区

如图1-15所示，声音编辑区中的工具也与Scratch 2.0基本类似。Scratch 2.0在"编辑"和"效果"下拉菜单整合了"复制、粘贴"及"淡入、淡出"等功能，在Scratch 3.0中则把这些工具呈现出来，并增加了"回声、机械化"等声音效果。

图1-14　Scratch 3.0造型编辑区

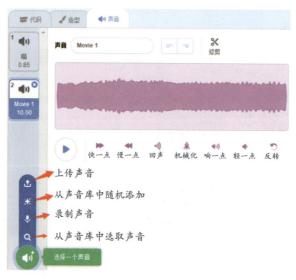

图1-15　Scratch 3.0声音编辑区

1.2.2　新增功能

据官网资料介绍，Scratch 3.0计划增加很多功能，例如对移动设备、云变量的支持等。同时，Scratch 3.0属于向下兼容，以前用Scratch 1.4或者2.0版本开发的程序，同样可以在Scratch 3.0中打开和编辑。

① 对移动设备的支持

Scratch 2.0只能运行在计算机上，无法在移动设备上使用和展示。有一款Scratch JR，可以在苹果iPad上安装和使用，编程逻辑比较简单，主要面向幼儿园小朋友。从Scratch 3.0开始，计划支持在移动设备上编程，这将极大地方便用户编程、作品的展示及分享。

② 对云变量的支持

Scratch 2.0中的数据有两种：变量和列表。变量可以存储零散的数据，而列表可以存储一组数据。这些数据的作用范围也有两种：一种是适用于某个角色；另一种是适用于程序中的所有角色。但是无论哪种数据，当程序终止运行时，数据都将丢失。

Scratch 3.0中计划增加"云变量"，即将数据存储在网络上，即使程序终止，云变量的数据将仍然存在，下次打开程序可以调用该数据。例如，在游戏中，经常需要记录历史成绩的最高值，并和本次成绩比较，判断是否会刷新记录，这里的历史成绩最高值就可以用"云变量"来存储。以上是Scratch官网发布的Scratch 3.0版本的功能，具体功能以正式发布内容为准。

尽管Scratch 3.0界面结构有了变化，增加了一些新的功能，但总体来说，其主要操作方法或者基本约定都没有改变，新增功能只会使编程更加的方便。本书后续项目仍然采用目前的Scratch 2.0版本，相信你一定会顺畅地过渡到Scratch 3.0。

1.3　添加Scratch素材

Scratch中有3类素材，分别是舞台背景、角色造型和声音。

1.3.1 添加舞台背景

Scratch提供了4种方法来添加背景，分别是从背景库中选择背景、绘制背景、上传背景以及拍摄现场照片作背景，如图1-16所示。

① 从背景库中添加背景

单击"从背景库中选择背景"按钮，系统会自动将背景库打开，浏览时可以按照"室内、户外、其他"分类查看，也可以按照"城堡、城市"等主题分类查看。选中需要的图片，单击右下角的"确定"按钮后，背景图片就添加成功了。用这种方法可以继续添加多个背景图片。当然，也可以一次性添加多个背景，先单击要选择的第一张图片后，按住Shift键不松手，再单击要选取的其他图片，这样就可以一次性添加多张背景图片。

1）给背景取名字

当添加背景图片后，会有一个默认的名字，用户也可以自行修改，如图1-17所示。命名时建议"见名知意"，即看到名字就大概知道其代表的含义，可以是英文，也可以是中文。不建议以数字开头，以后学习高级语言编程时对此会有严格规定。

图1-16　四种方法添加背景　　　图1-17　图片名称和尺寸

2）图片尺寸

在背景图片名称下面有一个数值，是图片的尺寸，即宽度和高度，单位是像素。如果这个尺寸正好是Scratch舞台的尺寸（480×360），则图片会无缝呈现在舞台上。如果从网上下载图片作背景，需选用合适的尺寸，即480×360，如果不是该尺寸，那么可能无法完全与舞台吻合，在左右或上下方向上会出现白色区域，这时可以使用图像处理软件（如Photoshop）将图片处理成合适的尺寸。

3）删除背景图片

将鼠标指针移动到背景图片上，右击，选择"删除"项，或者单击背景图片右上角的"×"按钮，都可以把背景图片删除。当只剩下一张背景图片时，不允许删除。

② **绘制舞台背景**

当单击"绘制背景"按钮时，会打开绘图编辑器。这里面有很多工具按钮，如图1-18所示，其作用如下。

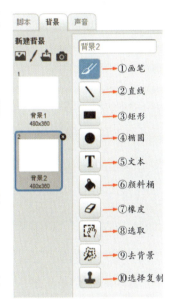

图1-18　绘图工具

1）画笔工具

画笔就像是铅笔一样，可以画出任意想画的图形。画笔的粗细、颜色可以在绘图编辑器的下方进行设置。

2）直线工具

如果想画标准线段，则用该工具。同理，其粗细和颜色都可以设置。如果希望画出水平或垂直线段，则需要在绘制的同时按下Shift键。

3）矩形工具

用该工具可以画出矩形，如果想画正方形，可以在绘制的同时按下Shift键。画矩形时，可以只绘制空心的矩形图，也可以绘制实心的矩形图。

4）椭圆工具

用该工具可以画出椭圆形，如果要画正圆，可以借助Shift键的帮助。同样，可以画实心或空心的椭圆或正圆。

5）文本工具

使用该工具可以输入需要的文本，设定字体以及颜色。如果要放大，拖动周围控点即可。但目前Scratch的文本工具还只能输入英文，不支持中文输入。如果想在背景上加中文，则需要借助其他应用软件，如PowerPoint、Photoshop等，输入文字后，转换成图片保存，再导入

图1-19　4种填充方式

Scratch中即可。Scratch 3.0的绘图编辑器支持输入中文。

　　6）颜料桶工具

　　用颜料桶工具可以为图形或文字填充颜色，注意图形必须是闭合的才可以填充。共有4种填充方式可以选择，分别是纯色、左右渐变色、上下渐变色和四周渐变色，如图1-19所示，可以根据需要灵活选择。

　　7）橡皮工具

图1-20　擦除

　　有时候需要去掉某一部分图形或者文字，这时可使用"橡皮"工具擦除。如图1-20所示，擦除时，会留下白色的空白，我们只需用选定的颜色填充即可。另外，橡皮的大小可以拖动下面的滑动条自由改变。

　　8）选取工具

　　如果要对背景上某一部分内容进行修改，可以用该工具将其框选，框选后可以改变大小、删除、移动等。当然，留下的空白痕迹依然可以用颜色填充。

　　9）去背景工具

　　该工具的功能类似于"抠图"。选中该工具，在要保留的图形上按下鼠标左键拖拉涂抹，这时会逐渐呈现出图片内容，直到希望保留的图形全部出现为止，没有选中的部分最终被删除掉。例如，从网上下载了带背景的"孙悟空"图片，用这个方法可以将"孙悟空"抠出来。

　　10）选择复制工具

　　如果需要多次复制一个图形，就可以单击该工具，将要重复的图形拖曳选中，移开图形会发现自动出现一个重复的图形。

　　细心的你也一定发现了在绘图编辑器的右下角有两个不同模式的按钮。在绘制背景时，默认打开的是"位图模式"。在从背景库中添加背景后，有的图片显示的是"位图模式"，有的显示的是"矢量模式"，在后续"添加角色造型"中会对两者的区别作详细介绍。

　　❸　上传背景图片

　　有时Scratch背景库中的图片或者自己绘制的图片不能满足需求，此时可将本地保存好的图片上传作为背景图片，可以使用上传本地文件作为背景的方法。具体步骤是，单击上传背景按钮，出现文件选取对话框，到指定的位置上找到要上传的文件，单击"确定"按钮即可。

此外，还可以从资源丰富的网络上去搜索和下载需要的图片，具体步骤可以参考后续的"知识扩展"。需要注意的是，使用时要尊重别人的版权，不要侵权使用。

④ 拍摄现场图片

如果使用的计算机上安装了摄像头，也可以拍摄现场照片作为背景，对应按钮如图1–21所示，不妨试一试。

添加背景的这4种方法，在实际中可以根据需要灵活选用，或者组合使用，如添加背景库中的图片后，再利用绘图编辑器对该图片进行修改等，恰当地选择多种方法来完成背景图片的添加。

图1–21　拍摄按钮

练　习

在迷宫游戏中需要准备不同关卡的背景图，图1–22是可以参考绘制的图，你也可以发挥创意，设计自己的迷宫背景图！

图1–22　迷宫背景（图片来自网络下载）

 知识扩展：搜索和下载图片

选择要使用的搜索引擎（如百度、雅虎等），以百度为例，打开浏览器，在地址栏中输入网址www.baidu.com后，出现百度页面，找到"更多产品"，选择"图片"，会打开"图片搜索"页面，然后找到关键字输入框，在其中输入需要的关键字，如"雪景480×360"，这时类似主题和尺寸的图片就搜索出来了。

仔细观察，在搜索出来的每张图片的左下角显示了图片的大小，右下角有"下载原图"按钮，单击后可以指定文件要存放的位置以及文件名，再单击"确定"按钮后即可将图片下载保存到本机上。

1.3.2　添加角色造型

　　"角色"相当于作文或电影里的人物，是行为或动作的主体，在高级编程语言里一般将其称为"对象"。角色有外观和行为，外观由一个或多个造型组成，行为则由一系列指令产生的动作组成。

① 阅读角色信息

　　在Scratch角色列表区，单击某个角色左上角的 ⓘ 图标，展开后可以看到角色的名称、坐标位置、面向方向、旋转模式、播放时是否可拖曳、显示等信息，除了"坐标位置"外，其他项都可以在这里设置，如图1-23所示。

图1-23　角色信息

　　1）命名与方向设置

　　角色命名按照"见名知意"的原则，尽量不以数字开头。"方向"表示角色的朝向，可以与旋转模式结合起来设置并观察效果。例如，在"任意旋转模式下"，把鼠标指针移动到"方向"后面的蓝色指针上，按住鼠标去拖曳指针可以改变方向值，观察此时舞台上角色面向的方向是否发生了改变；同理，再在"左右旋转模式"下改变方向值，发现只能看到角色朝向左右（通常用于碰到边缘反弹时）；在"不旋转模式"下即使改变了方向值，角色朝向也不发生改变。知道了这些特点，在编程时可以根据具体情况来组合使用。

　　2）可拖曳设置

　　"播放时可拖曳"选项默认是未选状态，即默认在播放模式下不可拖曳。此时的"播放模式"是指单击了 ▣ 按钮，全屏模式下，设置为"不可拖曳"的角色是无法用鼠标去拖动的。但如果要做类似拼图游戏、五子棋游戏等，需要用鼠标拖动角色时，则需要将角色设置为"可拖曳"。同理，角色默认为"显示"状态，也可以设置其不可见。

3）角色造型

角色造型是其外观的具体呈现。当单击一个角色后，在造型区可以显示其各种造型，例如小猫角色默认有两个造型，还可以添加任意多个造型。每个造型除了有名字外，还有对应的造型编号、尺寸等。单击造型右上方的"叉号"，可以删除造型。当角色只剩下一个造型时，该造型不允许被删除。

② 从库中添加角色

Scratch角色库中内置了很多角色，有动物类、奇幻类、交通类等，或按主题分为城堡、城市、水下等。此外，还有一种划分方式，即位图和矢量图。我们分别从位图和矢量图中添加一个角色，来看看区别。当然，你也可以一次性添加多个角色，方法同添加多个背景图片一样——按下Shift键。

1）位图和矢量图模式

如果单击位图角色的"造型"，绘图编辑器自动切换到"位图模式"，对应的工具栏显示在左侧，每个工具的含义在"添加背景"一节中都介绍过。如果单击矢量角色的"造型"，绘图编辑器则切换到"矢量模式"，工具栏在右侧显示。

2）两种模式的区别

位图图像保存的是实际的像素，矢量图像保存的是规则或计算方法，其图形是通过计算得来的。因此，无论将矢量模式的图形放大多少倍，图形都不会模糊。相反，位图图像是由实实在在的像素点组合而成，将其放大多倍后，会出现模糊不清的情况。相对而言，矢量图形因为是通过计算得来，所以其色彩通常比较简单，不像位图图像着色那么丰富和细腻。试想，用相机拍出的图片属于位图图像还是矢量图图像呢？显然属于位图图像。

位图模式下的图像建立好后就属于画布的一部分，无法单击独立选择，只能框选。而矢量模式下的图形因为是独立的，可以单击选择进行相应处理。但要注意，建立好矢量图形，一旦单击"转换到位图模式"后，就会成为位图图像。至于两者孰优孰劣，这个无法去界定，只需要了解各自特点即可。

图1-24　矢量模式工具列表

③ **绘制角色造型**

位图模式的工具前面已经介绍，这里重点介绍矢量图模式下工具的使用，如图1-24所示。

1）工具介绍

（1）选择按钮 。

可以在绘图编辑器内选择某个造型或者其中的一部分。只有先选择好，才能进行后续的操作。

（2）变形按钮 。

使用该工具，可以单击角色造型的各个部分，对其进行任意的拖曳、扭曲等变形操作。

（3）铅笔、线段、矩形、椭圆、文本、颜料桶。

前4个工具的功能同位图模式，都可以设置颜色、粗细，画出曲线或直线，借助Shift键的帮助，可以画出正圆和正方形。用文本可以输入英文文本等，用颜料桶可以为线段和封闭图形填充颜色。

（4）复制按钮 。

当单击该工具后，再单击绘图编辑器中的一个图形，就可以复制出一个完全一样的图形。如果要复制很多次，就可以借助Shift键的帮助，即单击"复制工具"后，按住Shift键不松手，再多次单击图形，就可以复制多个图形出来。

（5）图层上移和下移 。

因为矢量模式下各种图形是经过数学计算的结果，不属于画布上的真正的像素，所以它们之间就有层次叠加问题。单击一次"上移"可以让选定的图形上移一层，在按住Shift键的同时单击"上移"，就可以让选定的图形移动至最上层；下移工具的使用方法同理。

（6）组合 和取消组合 。

在矢量模式下可以借助Shift或Ctrl键，将多个图形选中，单击"组合"按钮，它们就会成为一个整体，方便移动等操作。当然，也可以单击组合好的图形，此时该工具会切换成"取消组合"按钮，单击后可以拆散，然后再逐个修改。

练　习

利用上面的各种工具，能否给小猫换换装呢？如图1-25所示。

图1-25　小猫换装

2）给造型起名字

凡是涉及命名，都尽量要"见名知意"，不以数字打头，可以是中文，也可以是英文名字。选中造型后，会在右上角显示对应的名称，并且可以编辑修改，如图1-26所示。

图1-26　修改造型名字

3）添加或删除造型

单击角色后，再单击"造型"，会看到该角色所包含的造型至少为一个，可以单击现有造型上方的4个按钮去继续添加造型。当要删除造型时，除了通过右键快捷菜单删除外，可以单击造型右上角的"×"按钮。当然，也可以改变造型的排列顺序，用鼠标左键拖曳造型到合适的位置即可。

④ **上传文件建立角色**

同上传背景图片一样，有时候Scratch角色库或者自己绘制的图片都不能满足要求，此时可使用"上传本地文件"的方法，或者现场拍照作为角色造型，具体过程参考背景图片上传和拍照的方法。

6. 上传本地文件

上传图片后，该角色就有了一个造型，且默认是位图模式，并可能带有背景。可以使用"去背景"工具，把需要的部分用拖曳鼠标的方法，一点一点地选取，直到将需要的造型独立出来后，再看看细微的地方是否需要用橡皮擦进行处理。注意选择需要的部分时，要耐心和细致。

⑤ **几个常用工具**

在Scratch窗口的顶部中间位置有这样5个常用按钮，其含义如下。

1）复制 📋

单击该按钮后，就开启了"复制"功能。此时再单击角色列表区的某个角色，就可以复制该角色；或者单击造型列表区的某个造型，可复制该造型；或者单击绘图编辑器里的某个图形，则可复制该图形；如果单击编程模块下的指令，就可以复制该指令。

2）删除

与"复制"同理，凡是涉及 "删除"的操作，如删除角色、删除造型、删除绘图编辑区里的某个图形、删除某几条指令等，除了本来具有的右键删除方法外，都可以用该按钮使得操作更加方便。

3）放大 和缩小

在Scratch编程中，通常需要调整每个角色的大小，在单击放大或者缩小按钮后，鼠标就会变成相应形状，将鼠标移动到舞台的角色上，或者绘图编辑器的图形上，每单击一次，就会放大一次（或者缩小一次），可以重复多次，直到满意为止。

4）帮助

Scratch给用户提供了很好的学习支持，遇到不确定的地方，可以单击"帮助"按钮，此时鼠标指针变成了问号形状，在不懂的地方单击一下，屏幕的最右侧就会显示提示信息，帮助编程者快速地解决疑问。

练 习

为迷宫游戏添加角色造型，图1-27仅仅是参考，相信你的创意会更棒！

图1-27　角色造型参考

1.3.3 　添加声音

作品可以使用美观的背景，添加合适的角色，还可以用优美的背景音乐，或者合适的辅助音效来增加用户的听觉体验。

Scratch中的声音文件是属于背景或某个角色的，即每个角色或背景只能播放属于自己的声音，因此在添加声音的时候需要先明确要把声音加到哪里。例如，计划添加背景音乐，需要先选定"舞台背景"，再单击"声音"按钮，如图1-28所示。

此时可以看到默认有一个名字为"啵"的声音，其持续的时间是00：00:02（时：分：秒），即2秒。右侧显现该声音的波形图，单击播放按钮 ▶ 可以试听，单击停止按钮 ■ 可以中止播放。同时，单击录音按钮 ●，可以在这个声音文件上录音，调节"麦克风音量"可以让录制的声音更强或更弱。当然，如果这个声音不符合要求，也可以单击"啵"声音右上角的"×"按钮去删除声音文件，如图1-29所示。

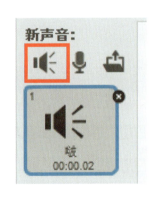
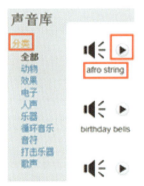
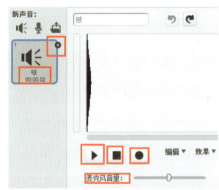

　　　　图1-28　声音信息　　　　　　　图1-29　从库中添加声音

①　从声音库中添加声音

Scratch声音库中内置了很多音效，有动物类、效果类等。可以单击声音小喇叭右侧的播放按钮试听，再单击就可以停止，如果觉得合适，可以单击小喇叭进行选择，然后单击屏幕右下方的"确定"按钮即可添加声音。当然，也可以一次性添加多个声音，方法同添加多个背景或造型一样，需要同时按下Shift键。

②　录制声音

当单击"麦克风"按钮后，会建立一个空的声音文件，文件名是"录音1"，时间是0秒，单击右上角可以修改录音的名称（注意，见名知意）。此时因为是空文件，所以没有波形。单击"录音"按钮后，就会进入录音模式，单击停止按钮可以停止录音。如图1-30所示。注意，台式计算机需要配置麦克风才能正常录音，笔记本电脑或一体机通常内置了麦克风，所以可以直接录音。

图1-30　录制声音

❸ 上传声音文件

与背景和角色造型一样，也可以把本地机器上存储的声音文件上传。Scratch支持的声音文件格式有.wav和.mp3，可以根据需要从网上下载并进行上传。注意，声音文件毕竟不是游戏作品中的主要内容，所以在选用时要注意文件不要太大，够用即可，否则会使得最终作品很大，加载时速度会慢一些。在上传声音时，有时明明是.wav或者.mp3格式的文件，但上传时却报错，这种情况下可以使用"格式工厂"软件转换一下格式就可以，具体介绍见后面的"知识扩展"。

❹ 声音效果处理

如果需要对声音文件做删除、复制等操作，可以打开"编辑"菜单，如图1-31所示。如果需要复制一段声音，首先需要在波形上选取一段，单击"复制"，再在需要的位置上定位，单击"粘贴"，这样就可以在原来的声音中插入一段；同理，可以将选取的声音通过"剪切、粘贴"实现移动声音的效果；也可以将选取的声音删除；如果希望将声音文件的波形全部选中，可以直接单击"全选"。当然，在这个过程中也可以"重做"或"撤销"之前最近一次的操作。

Scratch还提供了很多声音效果，如图1-31所示，可以边设置边播放试听。

1）淡入和淡出

一段音乐响起时，通常是由弱变强，慢慢地带领人们进入该音乐的情境；同样，一段音乐要结束时，会逐渐地由强变弱，产生一种余音缭绕的感觉。可以在波形图上选取一段声音，单击"淡入"或者"淡出"，听一下声音效果。

2）响一点和轻一点

选取一段声音，单击"响一点"，会发现波峰变高，播放时明显声音音量增强；单击"轻一点"，则相反。

3）无声

选取一段声音，单击"无声"，会相当于中间暂停一段时间。

4）反转

反转是指把声音从后面往前开始播放，产生一些特殊效果。

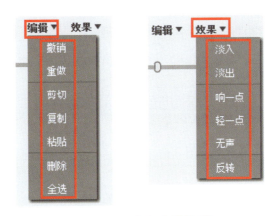

图1-31　声音编辑处理

 知识扩展：格式工厂

格式工厂（Format Factory）是由上海格式工厂网络有限公司于2008年2月发布，是面向全球用户的互联网软件。该工具功能强大，操作方便，可以把所有类型的视频、音频、图片文件转换为用户所需要的类型。

7.使用格式工厂

可以在网上搜索"格式工厂Format Factory"，到网站上去下载和安装即可。

1.3.4 下载素材

可以利用百度搜索引擎下载所需要的背景图片、角色造型、声音文件等，上传到程序中来使用。

① 下载图片文件

图片文件分为两种：一种是普通的图片，另一种是动图，即有动画效果的图片。动图通常是由多张图片组成的。例如，在《植物大战僵尸》游戏中，需要让僵尸有真实的行走效果，这时就需要下载动图。下载普通图片通常用来作为游戏的背景图片或者角色造型，两者搜索的关键字也有差别。

1）搜索背景图片

Scratch舞台宽度是480像素，高度是360像素，下载图片时，可以进行尺寸的筛选。例如要下载植物王国的图片作为背景，首先打开浏览器，在地址栏中输入www.baidu.com,进入首页后，单击"更多产品"中的"图片"，进入图片搜索页面，输入关键字"植物王国"，单击右侧的"图片筛选——全部尺寸"，在自定义尺寸里输入宽度480、高度360，单击"百度一下"按钮，就会把符合尺寸要求的有关植物王国的图片显示出来，如图1–32所示。当然，如果对图片没有尺寸要求的话，直接在搜索框里输入关键字即可。

图1–32 搜索规定尺寸的图片

2）搜索动图文件

如果要搜索《植物大战僵尸》中的角色造型，可以在百度网站的图片搜索页面，输入关键字"动图 植物大战僵尸"后，网页上会出现很多类似的动图，

8. 搜索下载动图

如图1-33所示。当把鼠标指针指向某张图片上后，该图片就会显示其动态效果。

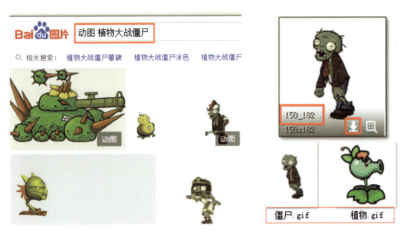

图1-33　搜索和下载文件

3）下载文件

观察搜索出来的图片，如图1-33所示，左下角显示了图片尺寸，右下角有一个下载按钮，单击可以将该文件保存在指定位置，写好文件名，如僵尸、植物等。普通图片的文件扩展名一般是.jpg或者.png等，动图文件的扩展名是.gif。

② 下载声音文件

和下载图片文件类似，在百度页面的"更多产品"中单击"音乐"后，进入音乐搜索页面。例如，输入关键字"植物大战僵尸"，结果如图1-34所示，单击下载按钮，可以下载声音文件，但是需要预先在计算机上安装百度音乐客户端。

图1-34　下载声音文件

1.4 Scratch的各种约定

在Scratch中可以添加很多角色，这些角色在舞台上有自己的位置，移动时也会有各自的方向，也可以围绕不同的中心点旋转。那么，Scratch中角色的位置、方向以及造型中心点都是如何约定的呢？这是编程之前首先需要明确的问题。

1.4.1 舞台坐标约定

Scratch中规定，舞台背景是不能移动的，而角色可以任意移动。因此，当单击舞台背景时，脚本列表区的"动作模块"为空。而当单击一个角色时，"动作模块"有大量的有关移动的积木块。"舞台"是Scratch中角色的活动区域，角色可以在舞台上任意移动，有时会碰到舞台边缘，或者移走到了舞台外面，有时甚至不知道角色跑哪里去了，这该怎么办呢？为了能很好地控制角色的位置，需要对Scratch中舞台坐标系有充分的认识和理解。

① 数学中的数轴

数轴用来确定一条直线上各个点的位置。数轴上的点可以用一个数来表示，这个数叫做这个点在数轴上的坐标。如图1-35所示，点A坐标为-3，点B在数轴上的坐标为6。反过来，知道数轴上一个点的坐标，这个点在数轴上的位置也就确定了。

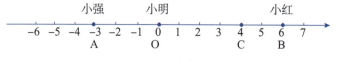

图1-35 数轴与坐标

思考一下

C点的坐标是多少？坐标0的位置是哪个同学的位置？

继续思考，用数轴能否清晰地表示出所有情况下的位置信息呢？显然，数轴代表的仅仅是一个维度，即一条直线上点的坐标位置，那么如果是两个维度，即在一个平面上，点的坐标位置该如何确定呢？这时就要用到平面直角坐标系。

② 数学中的平面直角坐标系

如图1-36所示，如何表示出小强、小明和小红的位置呢？显然，用数轴无法表示，因为数轴表示的是一条直线上的点，而这三个同学显然不在一条直线上，此时可以为其添加上平面直角坐标系，在这个坐标系中确定他们的位置。

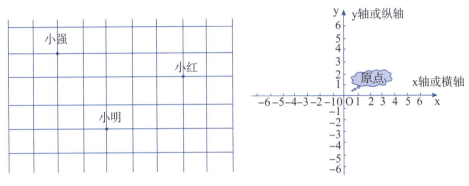

图1-36　平面直角坐标系

1）平面直角坐标系特点

一个平面直角坐标系的基本元素有三个，分别是两条数轴、互相垂直和公共原点。

x轴坐标变化趋势是：自左向右，x坐标值不断增加；反之，x坐标值不断减小。

y轴坐标变化趋势是：自下向上，y坐标值不断增加；反之，y坐标值不断减小。

2）点的位置表示法

平面直角坐标系上点的位置是由横坐标和纵坐标组成的有序数对，如图1-37所示。A点的横坐标就是从该点向x轴做垂线，对应是4，纵坐标是从该点向y轴做垂线，对应是2，因此A点坐标表示为（4，2），横坐标在前，纵坐标在后。同理，B点坐标是（-4，1）。

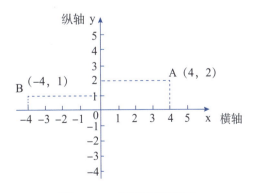

图1-37　点的位置表示

练习

如图1-38所示，用坐标表示出西瓜和香蕉的位置，指出（-5，-4）位置对应的是谁？（3，-3）位置对应的是谁？

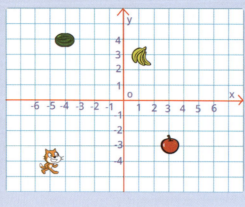

图1-38　练习

❸ Scratch舞台坐标约定

在Scratch中，也使用坐标来表达角色位置，规定了舞台的宽度是480像素，高度是360像素，并且以原点（0，0）为中心，x轴最小值是-240，最大值是240；y轴最小值是-180，最大值是180。如图1-39所示，这是Scratch背景库中的一张图片，可以帮助我们很好地认识舞台坐标系。仔细看看，与数学中的平面直角坐标系是不是完全一样？有什么微小差别呢？

9. Scratch坐标约定

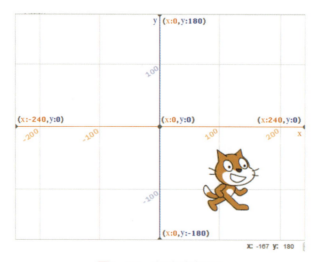

图1-39　舞台坐标系

Scratch舞台坐标系规定了横轴和纵轴的宽度和高度，x的取值范围为−240～240，y的取值范围为−180～180。除此之外，没有差别。另外，在舞台的右下角也把鼠标指针的位置实时进行了显示。

④ 让角色移动

1）给角色定位

从平角直角坐标系来看，"位置"是由x坐标和y坐标唯一确定的。所以，给某个角色定位，就是确定其x和y的值。在编程时，通常要给角色一个初始位置，每次程序运行，该角色都会从初始位置开始。对应的指令是 `移到 x: 119 y: -84` 。

具体操作方法为，在舞台上把角色拖动到你希望的位置后，右侧脚本列表下的"动作模块"里的 `移到 x: 119 y: -84` ，会自动取得此时角色的位置，并在积木块上的白色文本区显示。因此，我们只需要将这个指令拖放到脚本区即可。为了检测效果，可以先将角色移动到随意其他位置，然后单击这条指令，注意观察角色是否瞬间回到了初始位置呢？

还有一个与其类似的滑行指令，表示角色在多长时间内滑行到指定的位置 `在 1 秒内滑行到 x: 119 y: -84` 。与瞬间移动指令不同，该指令可以使角色从当前位置匀速滑行到指定位置，在实际编程中可以灵活选用。

2）让角色上下左右移动

在迷宫游戏中，通常需要让角色在键盘按键控制下上下左右移动，如今利用x轴和y轴坐标变化特点，是否能实现这个功能呢？角色向上方走，其实是让y坐标增加，对应的指令为 `将y坐标增加 10` ，向下走，是让y坐标减少，即增加负值，对应的指令为 `将y坐标增加 -10` ，可以根据需要在指令文本框里输入数值。同理，角色左右移动，其实是让x坐标增加或减少，对应的指令是 `将x坐标增加 10` 或者 `将x坐标增加 -10` ，当然具体数值可以根据需要设定。

键盘按键的指令在脚本列表区的"事件"模块下的"当按下某个键"，将其拖到脚本区，单击下拉箭头，选择上移键，并将y坐标增加的指令连接上，再按下键盘上移键测试即可。同理，其他3个键的编程都是类似的，如图1−40所示。测试方法是，分别按下键盘上的4个方向键，观察舞台上的小猫是否开始向4个方向行走了呢？

图1−40　上下左右移动

？思考：如何让角色斜着走呢？你想出了哪些方法？大胆地尝试吧。

1.4.2　角色方向约定

在Scratch编程中，角色的运动还需要有方向，通过设置"面向角度"可以改变角色移动的方向。首先我们先来认识数学中的角和角度。

① 数学中的角和角度

1）角

在初中数学中，是这样定义"角"的：具有公共端点的两条射线组成的图形叫做角，其中公共端点叫做角的顶点，两条射线叫做角的两条边。在高中数学中，对"角"进行了动态定义，即：一条射线绕着它的端点从一个位置旋转到另一个位置所形成的图形叫做角，所旋转射线的端点叫做角的顶点，开始位置的射线叫做角的始边，终止位置的射线叫做角的终边，如图1-41所示，角可以表示为∠AOB。

2）角度

角度是对两条边夹角的度量，用°表示。有几个比较特殊的角需要记住，直角（90°）、平角（180°）、周角（360°），如图1-42所示。0°到90°之间的角叫做锐角，90°到180°之间的角叫做钝角。

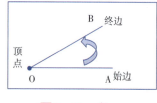

图1-41　角

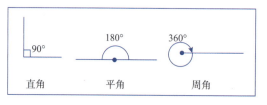

图1-42　特殊的角

② Scratch方向约定

Scratch中角色移动的方向通常用角度表示，那么角的起始边是谁呢？Scratch约定，角的起始边是y轴的上方垂线，顺时针角度为正，逆时针角度为负。因此，90°角是指起始边与x轴右侧直线的夹角，此时角色面向右侧；180°是指起始边与y轴下方直线的夹角，此时角色面向下方；-90°指起始边与x轴左侧直线的夹角，此时角色面向左侧；-180°是起始边与y轴下方的夹角，此时角色面向下方，如图1-43所示。当然也可以始终按照顺时针方向来约定，那么面向270°其实就是朝向左侧，与面向-90°是等价的；同理，面向360°其实与面向0°是等价的，都是朝向上方。了解了Scratch中角的约定后，在编程中可以灵活运用。

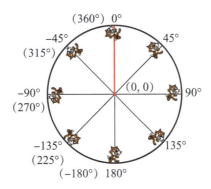

图1-43 Scratch方向约定

10. Scratch方向约定

③ 设置角色运动方向

1）指定角度

展开"动作"模块，找到"面向90方向"指令，将其拖动到角色的脚本区域，单击指令上的黑色三角小箭头，下拉出四个方向，分别是（90）向右、（-90）向左、（0）向上、（180）向下。同时，还可以单击白色方框，在里面输入任意角度的数值。通过前面的分析可以知道，可以按照数学里的0～360°去设置方向，也可以按照Scratch内部约定的角度范围0～180°，-180°～0去设置，如图1-44所示。单击指令让其运行，观察小猫的朝向是否改变了？

2）旋转角度

除了可以通过"面向多少度"设置方向外，还有一种设置方向的指令，即向右或向左旋转多少度。这种设置不需要知道角色面向的角度是多少，只需要设置其与当前方向偏离的角度差即可。例如，让铃铛左右摆动，就可以用旋转角度的方法来实现。添加"铃铛"角色，为该角色编写脚本，如图1-45（a）所示，让角色先向右旋转15度，再向左旋转2个15°，即30°，单击绿旗运行一下，观察角色的改变，是不是看不出什么效果？你能分析出其中的原因吗？

试一试添加等待指令（在控制模块里）如图1-45（b）所示，观察是不是能看到铃铛左右摆动了？多次运行这段程序，观察铃铛是否离开原来位置30°？其实，就像要给角色设置初始位置一样，也要给角色设置初始方向，让程序开始运行时，都从起始位置按照起始方向做好准备。否则，角色一旦改变了方向或者移动了位置后，再运行就不会保持原状了。

图1-44 面向指定角度 　　图1-45（a）旋转角度 　　图1-45（b）增加等待指令

图1-46 重复指令

如果想让铃铛反复左右摆动，需要如何编程呢？反复即重复，在"控制"模块下有"重复执行"指令，如图1-46所示。

❓思考：有没有注意到铃铛在旋转时围绕的中心点是哪里？是否想修改一下中心点呢？在"造型中心点约定"中可以找到答案。

3）面向鼠标或角色

你见过射击类游戏，或者《小猫钓鱼》的游戏吗？是不是需要让枪或鱼钩不断地瞄准目标，随着目标的移动而改变方向呢？类似的功能可以用面向鼠标或面向某个角色来实现。例如，让角色面向鼠标指针，即鼠标指针在哪里，角色就朝向哪里。

练 习

先阅读图1-47左侧的程序，猜测一下单击绿旗后，小猫有什么效果？重复执行的作用是什么？

角色除了可以面向鼠标指针外，也可以面向舞台上其他的角色。

练习：添加角色Basketball（篮球），在小猫角色上编写程序，如图1-48所示，单击绿旗运行，在舞台上拖曳篮球使其在随意位置，观察小猫的变化，是不是特别好玩呢？

图1-47 面向鼠标 　　　　　　　　图1-48 面向角色

1.4.3　造型中心点约定

回顾前面铃铛左右摆动的例子，铃铛在旋转时围绕的中心是哪里呢？你希望将其调整到哪个位置呢？下面就来解决这个问题。

①　认识造型中心点

造型中心点未必一定是造型的"正中间"位置，而是根据需要人为设置的一个点，之后在对角色进行定位、旋转等操作时，都会围绕该"中心点"来进行。如图1-49所示，足球旋转需要围绕球的中心，所以造型中心点就要设置在球的中心位置；而铃铛要左右摇摆，造型中心点就需要设置在铃铛的系绳处。

图1-49　造型中心点

②　设置造型中心点

单击铃铛角色，选择"造型"选项卡，会默认打开第一个造型的绘图编辑器，如图1-50所示，单击最右侧的"设置造型中心"按钮，会在绘图区域显示十字形交叉线，交点处就是此时的中心点位置。

11. 造型中心点约定

如果需要修改造型中心点的位置，先单击"设置造型中心"按钮，然后在计划设置为中心点的位置单击即可，此时十字线会自动消失（如果没有自动消失，可以按Esc键），再单击"设置造型中心"按钮，就可以看到设置后的造型中心点位置了。或者用鼠标拖动十字线到新的造型中心点位置即可，如图1-50所示。

图1-50　设置造型中心点

练习

将铃铛造型的中心点设置在铃铛系绳处，多次单击旋转指令，观察此时铃铛的旋转效果。你发现造型中心点设置前后的区别了吗？

③ 造型中心点与角色定位

由前面学习知道，Scratch中角色位置的改变是通过改变x坐标和y坐标的值，例如，

，那么这个坐标对应的点是角色造型中的哪个点呢？你能猜得到吗？是的，这个位置其实就是指造型中心点的坐标值。也就是说，即使指令中的坐标值不变，但若角色造型中心点不同，该角色在舞台上的位置也会不同，大家可以尝试一下。

④ 绘图编辑器的其他工具

之前我们学习了使用绘图编辑器中的画图类工具绘制或修改背景或造型，除此之外，还有一些常用工具，如图1-51所示。

清除　添加　导入　　　　ぱ の

图1-51　常用工具

1）"清除"按钮

如果要把绘制区上的所有内容删除掉，可以使用橡皮去擦除，也可以单击"清除"按钮一次性全部删除。

2）"添加"按钮

当单击舞台背景后，再单击绘图编辑器中的"添加"按钮，打开Scratch背景库，可以选择图片，添加后，由于尺寸一样大，所以会出现叠加情况，此时，可以根据需要将它们进行大小或位置的调整。如图1-52（a）所示为把两个背景图片叠加在一起的效果。

当然，也可以将多个角色造型进行合并，形成新的造型。单击角色，选择造型，然后单击绘图编辑器中的"添加"按钮，将两个角色加到绘图编辑器中，移动位置改变大小后，形成小猫坐在汽车上的感觉，如图1-52（b）所示，是不是很酷？当然，你也可以做出更好玩的角色来。

3）"导入"按钮

"导入"和"添加"的作用类似，只不过导入的是本地计算机中存储的图片。如图1-53所示为在GAMEOVER造型中导入一张图片，最终合成的效果。

图1-52（a）　组合背景图片　　　　图1-52（b）　组合多个角色造型

图1-53　使用"导入"按钮导入图片

4）裁剪工具

该工具用于在位图模式下裁剪图形。当在位图模式下用框选工具选取了一部分图形后，该按钮变为可使用状态，单击它之后，可以把框选的图形独立出来，其他的被删除掉。

5）翻转工具

先选取要翻转的图形，单击左右翻转按钮后，图形会产生左右翻转效果；上下翻转同理，如图1-54所示。

6）各种控点

当在绘图编辑器中选中一个图形后，会有3种类型的控点，认识这些控点，能帮助你更高效地操作，如图1-55所示。

（1）旋转控点：每个图形只有一个旋转控点，将鼠标指针移动到该控点上，按住鼠标左键拖动可以任意旋转。

（2）移动控点：每个图形只有一个移动控点，位于图形的中间，将鼠标指针移动到该控点上，按住鼠标左键拖动，可以将其移动位置。

（3）缩放控点：单击图形后，会出现8个控点，将鼠标指针移到某个控点上，按住鼠标左键拖动鼠标，可以对图形进行缩放操作。如果想对宽度和高度进行等比例缩放，拖动4个角上的控点即可。

图1-54　左右翻转和上下翻转　　　　图1-55　各种控点

1.5　Scratch指令与程序

1.5.1　积木块指令

Scratch把积木块式的编程指令按照功能分成了不同颜色的十大类别，每一类别集中实现了统一功能。例如，"运动"模块下的指令都与角色的运动有关，"外观"模块下的指令都涉及角色造型的特殊效果，等等，如图1-56所示。因此，想灵活地编程，先要学习每一类别中各条指令的含义及其使用方法。这一部分将从积木块形状上来总体认识，每一个指令的具体功能将在后续案例编程中去学习。

12. 认识积木块指令

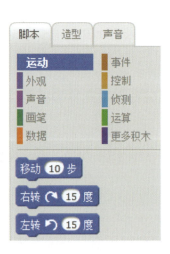 

图1-56　积木块指令

① 数据类指令

这类积木块对应的形状有两种。一种是圆角矩形，如 $\boxed{x坐标}$，大多数代表具体的数值，有少数代表文本，如 $\boxed{背景名称}$。注意，在Scratch中对数据的类型要求不高，数值和文本可以互相转换。而在高级语言中（如C语言、Python语言等），对数据类型分类很细致且要求规范。另一种是菱形，如 $\boxed{碰到颜色 \blacksquare ?}$，这种形状的数据有两种可能的值：要么成立，要么不成立，对应的值是true或false，即真或假。

1）数值型

该类积木块为圆角矩形，作用是取得数值，有的是数字类型的数值，如动作模块里的"x坐标、y坐标、方向"，外观模块里的"造型编号、大小"等，有的是文本类型的数值，如"背景名称"、侦测模块里的"回答"等，如图1-57所示。

这些积木块的特点是：本身不能独立执行，需要将其放在其他积木块里作为参数使用。如图1-58所示，第一条指令的含义是取得角色的x坐标后，在舞台上显示出来。第二条指令的含义是从1~10中随机选一个数，作为等待的时间。

图1-57 取得数值

图1-58 读取数值

2）逻辑型

该类积木块的形状类似于菱形，主要集中在"侦测模块"和"运算模块"里。例如判断角色是否碰到另一个角色或者舞台边缘，一种颜色是否碰到另一种颜色，某个键是否被按下，等等；在"运算模块"里，则主要用于比较数值的大小，如大于、小于、等于，还有逻辑比较，如非、与、或等，如图1-59所示。总之，其值有两种，要么是真，要么是假，即成立或不成立。这些积木块本身不能独立运行，但可以放到其他积木块里作为参数使用。如图1-60所示，当角色碰到了红色，则程序终止；或者当得分达到10，那么显示"Hello！"。

  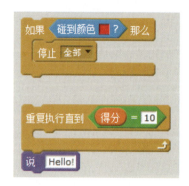

图1-59　逻辑判断　　　　　　　图1-60　读取数值

② 命令类指令

命令指令指能执行某种功能的积木块指令，如上面提到的"说……停止全部、如果……那么"等，都属于这类指令。从形状上看，该类指令下端大多都能连接其他积木块，但有些上端也能连接，因此可以分为两类。

1）上下可连接类

Scratch积木块大部分属于这种形式，在各个功能模块下基本都有，它们可以独立执行一个操作，也可以组合来完成一系列功能。在这类指令里，有3个特殊指令，如图1-61所示，分别是"重复执行""停止全部"和"删除本克隆体"，它们的下端不可接其他积木块。因为"重复执行"没有限制次数，代表无限循环，永远不可能终止，因此没有机会执行后续指令；"停止全部"指令是将程序中止掉，所以后面不能接其他指令。

2）仅下端可连接

仅下端可连接也叫事件指令，该类指令基本都存在于"事件"模块中，如图1-62所示。例如，当按下绿旗时执行，或者按下空格键时执行，或者单击某个角色时执行，或者当背景切换时执行；再例如控制模块中的"当作为克隆体启动时"……总之，这类指令代表一个事件的开启。

例如，电视可以开、关，可以切换频道等，但如果不按下遥控器的键，电视不会做任何事情，只有按下了"开"按键，电视才能打开。所以，"事件"是引发指令执行的，如果不触发相应的事件，那么指令永远也没有机会执行。

图1-61　3个特殊指令*　　　　图1-62　事件类指令

因此，编程时，指令都是写在某个事件指令下方。当触发了该事件时，下方的指令才会执行。如果没有触发该事件，则下方的指令一直不会执行。

1.5.2　从指令到程序

程序是人们为完成特定功能或解决某个问题写好的一组指令（命令），按照这些指令计算机可以自动运行，实现人们的想法，帮助人们来提高工作效率。Scratch作为一种图形化的编程工具，提供了积木块式的指令，将这些积木块指令组合起来完成特定功能，就是在编写程序。

编程就是用语言去编写程序，主要分为高级语言和机器语言。因为说到底计算机是电子器件的组合，而电子器件的状态只有"开"和"关"两种，分别用1和0来表示，所以，机器语言就是0和1的一串串组合，这种语言计算机很熟悉，执行速度也非常快，可惜这样的语言人们不容易看懂，所以对我们来说需要稍微高级一些的语言。于是出现了汇编语言，它比机器语言更容易理解，但是离人类的自然语言还是有一些距离，于是人们又开发出了更高级的语言，像C语言、Java语言、Python等，这些计算机语言的语法更加接近人类自然语言，容易理解，方便编程。

高级语言虽然"高级"，使用广泛，但是其语法严谨，需要记住很多命令，这对于中小学生而言需要很长的入门时间，无法快速编程实现创意。于是，积木块式的图形化编程语言就出现了。虽然它不能完成高级语言能实现的所有功能，但却足以表达想法和创意，也能编写出很多逻辑复杂的程序。因此，在中小学编程入门阶段，可以借助图形化编程语言来提升逻辑思维及分析解决问题的能力。

＊　软件界面图中的"点击"与正文中的"单击"是相同的操作，特此说明。

当然，有了图形化编程的基础，将来再学习任何一种计算机高级语言时，就会学得更快，因为程序的核心算法都是一样的，只不过是用不同的语言去实现而已。就像一段中文文字，若用英文翻译，则要遵循英文的语法习惯；若用法语翻译，则要学习和遵循法语的语法习惯。而无论用哪种语言，都是为了精准地将原文的思想和含义表达出来。因此，编程的核心不是语言本身，而是问题解决的步骤，也叫算法。

1.6 从算法到编程

大家在写作文的时候，有时是命题作文，有时是可选题目，有时是自拟题目，总之首先要明确题目和中心思想，之后再构思，最后行文。其实构思的过程就是确定主题和中心思想，然后围绕中心思想去进行开头、正文、结尾等段落结构的设计。行文时，我们会用语言去表达思路，如果是中文作文，会用中文词汇和句子去表达；如果是英文写作，就会用英文词汇和句子去表达。但不管用哪一种文字，表达的中心思想都是相同的。所以，一篇文章的关键是"思想"，有了"思想"，就有了灵魂，然后可以选择不同的"语言"去表达。

其实，编程就像写作文，程序语言就是一种工具而已，程序的关键是"算法"，即：解决问题的方法和步骤。确定了算法，编程就完成一大半，后期无非是选用一种编程语言去表达和实现这个"算法"。因此，在学习编程时，语言或者指令本身不是学习的目的，关键是学习如何分析和设计解决问题的算法，只要对算法描述清楚、准确，编程自然就水到渠成了。

为了提升算法设计能力，在后续每个项目开发中，尤其关注并详细描述3个部分：一是清楚描述项目功能，做好需求分析；二是依据角色行为分析，形成总体设计图；三是用流程图对重点功能模块作算法设计。下面对这3个方面做详细描述。

1.6.1 项目需求分析

需求分析是项目开发的首要环节，其目的是分析项目的功能，真正理解用户的需求。该阶段包括3个方面：一是理解需求，二是描述需求，三是分析需求。

① 理解需求

如果一个项目是自己提出来的，那么需求可能会很明确。例如，有的同学经常玩《大鱼吃小鱼》的游戏，对游戏规则了如指掌，这时如果想自己做一个类似游戏的话，就会非常快地形成自己的想法。如果一个项目是别人提出来的，那么开发者就需要与客户多次沟通，尽量多地理解用户的需求。

② 描述需求

在理解了用户需求后，还需要清楚地将其表达出来，项目功能主要用文字来描述。可以从6个方面描述，即时间、地点、人物、起因、经过、结果。我们在写文章时是不是也围绕这6个要素来构思呢？这里以《迷宫寻宝》游戏为例，看看如何描述游戏的功能，如图1-63所示。

时间：	任意
地点：	迷宫
人物：	小猫（游客）
起因：	为了吸引游客，公园里设置了好几个关卡的迷宫，游客可以从入口试着走到出口，沿路可以收集宝贝，也要躲避时不时旋转的障碍物。游客非常踊跃，都想多闯关。
经过：	小猫（游客）从起点开始，可以上、下、左、右4个方向行走，当碰到墙壁时，就退回起点或者停止；当碰到宝贝时，就增加收集到的宝贝数量，进入下一关；如果碰到障碍物，程序就中止运行。
结果：	如果小猫找到了宝贝，就可以切换到下一关卡；并显示最终收集到的宝贝数量。

图1-63　游戏功能描述

把这些内容串起来看，是不是就组成了一个完整的故事呢？所以，编程其实就是用计算机将这个故事可视化地表达出来。接下来还需要进一步分析项目要包括哪些角色，每个角色要完成哪些行为，角色或行为之间有什么样的逻辑关系，等等，通过分析需求，可以做进一步的理解和抽象。

③ 分析需求

1）找名词和动词，确定角色和行为

从功能描述里找到所有的名词，如公园、小猫、迷宫、游客、入口、出口、宝贝、起点、墙壁、障碍物、关卡；再找出所有的动词，如吸引、设置、走到、收集、躲避、旋转、闯关、行走、碰到、退回、停止、增加、找到、切换、显示。

试着给这些动词从名词里找到主语，例如：小猫——行走（走到）、收集、躲避、闯关、碰到、退回、找到，障碍物——旋转，这种有动作行为的名词就可以确定为角色。其他名词如公园、墙壁、入口、出口、起点等名词本身不需要有专门的动作，可以将其在背景图片中表达和设置；还有一些名词，如游客，其实就是指"小猫"，关卡就是不同难度的迷宫图片。

2）找数据和关系，确定变量和逻辑

根据功能描述，与数据有关的是：几个关卡、时不时、4个方向、宝贝数量、下一关，其中"宝贝数量"在游戏中需要保存，并不断地更新，因此需要为其建立变量。与逻辑有关的是：当小猫碰到墙壁时，就退回到起点；当碰到宝贝时，就将收集到的宝贝数量增加，切换到下一关；如果碰到障碍物，程序就中止运行；这些都是"如果…那么…"的关系，也叫条件结构。再如障碍物不断旋转，这里用到重复，也叫循环，即反复做一件事。

接下来我们对项目中的角色、行为、变量等做一个更加细致的总结，并用思维导图表示，形成项目的总体设计图，也叫角色—行为设计图。

1.6.2 项目总体设计

① 总体设计的目的

总体设计的目的是基于前期的需求分析，确定一个详细的项目结构，为后面的编程实现提供设计框架。

② 总体设计的内容

主要内容包括：确定项目中包含哪些角色，每个角色负责完成哪些功能，需要执行哪些行为；这些行为之间有什么逻辑关系，角色之间是否有通信关系，等等。

③ 总体设计的工具

可以使用思维导图工具来规划项目设计图，将项目的内容表达出来。思维导图可以用笔在纸上画出来，也可以使用一些免费软件，例如FreeMind或者亿图（EDraw Max）软件，本书中的思维导图都是用亿图7.0制作的，如图1-64所示为《迷宫寻宝》游戏的总体设计图，也叫角色行为设计图。

13. 绘制角色行为图

42

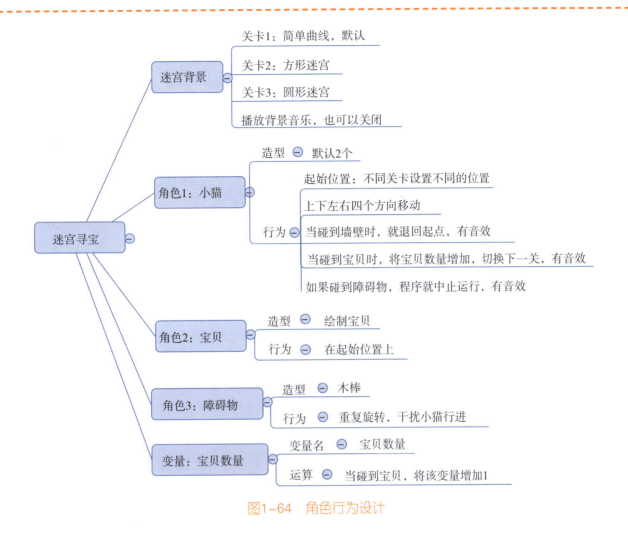

图1-64　角色行为设计

　　一个项目可以分解为多个功能模块，根据角色行为设计图，可以把每个角色行为看作一个模块，那么《迷宫寻宝》游戏的功能模块包括小猫移动、宝贝出现、障碍物旋转，后续就逐一对模块进行算法设计和编程实现。本节先对如何作算法设计做详细说明。

1.6.3　具体算法设计

　　算法（Algorithm）是指对解题方案的准确而完整的描述，是一系列解决问题的清晰指令。在对某一个功能模块编程实现前，需要进行算法的分析和设计，通常可以用文字或者流程图来描述。下面就程序中的倒计时功能，分别用文字和流程图两种方法来表达算法，如图1-65所示。

① 用文字描述

1）输入倒计时变量，初值为60
2）当倒计时变量等于0的时候，程序就转向6），否则就转向3）
3）等待1秒
4）让倒计时变量减少1
5）转向2）
6）结束

图1-65　算法文字描述

② 用流程图表达

流程图是一种用程序框、流程线及文字说明来表示算法的图。构成流程图的图形符号及其作用如图1-66所示。

图形	名称	作用
 ▭	开始/结束框	表示一个算法的起始和结束
 ▱	输入/输出框	表示算法中输入和输出的信息
 ▭	指令执行框	表示能够执行的指令
 ◇	判断框	判断某一条件是否成立
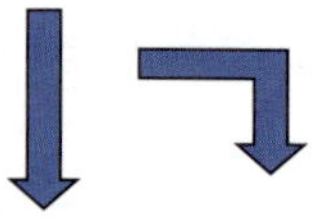 ↓ ⌐→	流程线	连接程序框

图1-66　流程图图形符号及其作用

倒计时功能对应的流程图如图1-67所示。相比文字描述，用流程图表示算法是不是更直观一些呢？图1-68为该算法所对应的程序脚本，可以看到，当流程图画好后，编程其实就是把每一个步骤转换成计算机语言或者指令。因此，学习编程的目的不是写代码或指令，而是提升计算思维能力。

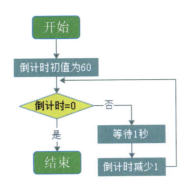

图1-67　流程图表示

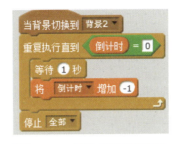

图1-68　倒计时程序脚本

14. 绘制流程图

③ 常见的流程结构

1）顺序结构

顺序结构在程序框图中的体现就是用流程线将程序框自上而下地连接起来，按顺序执行算法步骤。如图1-69所示，A框和B框是依次执行的，只有在执行完A框指定的操作后，才能接着执行B框所指定的操作。

2）条件结构

条件结构是根据条件是否成立选择不同流向的算法结构，主要分为单分支结构和双分支结构两大类，如图1-70中的虚线框所示。单分支结构是指：当条件成立时，转向"是"分支，执行"语句"，当条件不成立，转向"否"分支，什么都不做。双分支结构是指：当条件成立时，转向"是"分支，执行"语句1"，当条件不成立，转向"否"分支，执行"语句2"。

图1-69　顺序结构

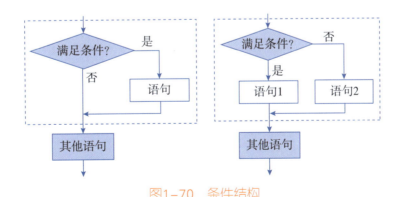

图1-70　条件结构

在编程时经常需要做判断，如《迷宫寻宝》中小猫是否碰到了墙壁，碰到墙壁后要退回到起点，或者无法前行；小猫是否寻到了宝贝，若碰到，则宝贝数量增加……当然，除了两个分支外，还可以有更多的分支，例如，判断得分等级的程序，如果分数大于85，属于"优秀"；分数为75~85，属于"良好"；如果分数为60~74，则属于"及格"；如果分数小于60，则属于"不及格"……是不是正是这种多条件的判断才使得我们的程序更加智能和有趣味呢？

3）循环结构

在编程时，还经常遇到需要某些指令反复执行的情况，例如"打地鼠游戏"中地鼠要不断地移动自己的位置；"大鱼吃小鱼游戏"中鱼儿要不停地移动……这些都要运用"循环结构"去实现。循环是指从某处开始，按照一定的条件反复执行某些步骤。这里涉及两个概念：一是循环条件，二是循环体。如图1-71所示，前者指当满足条件后就执行循环体，不满足条件时就停止循环；后者指先执行循环体，不满足条件时就一直循环，直到满足了条件，循环才终止，继续向下执行。

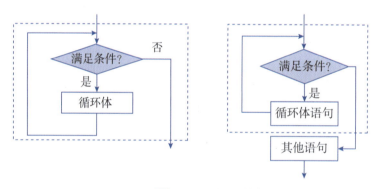

图1-71 循环结构

1.7 本章小结

本章介绍了Scratch软件的下载和安装方法，如何向Scratch中添加素材，Scratch中舞台坐标、角色方向和造型中心点的约定，以及Scratch中各类指令功能，然后以《迷宫寻宝》为例，介绍了项目分析、总体设计和算法设计的过程。

总之，项目开发其实是一个问题解决的过程，这个过程需要经过大量的分析和思考，比如：项目分析以及对项目做总体设计和详细的算法设计。如果我们能把这些工作做好，其实项目开发就已经成功了一大半，后期的编程过程就会很轻松。可能有的同学会问：这么简单的功能其实一想就明白了，有必要写出来并且分析吗？是的，因为现在我们做的是简单的项目，功能模块很少，功能逻辑也比较简单，但以后的作品功能会越来越复杂，如果没有系统的思维方法，编程过程往往会事倍功半。

所以，从开始学编程我们就要养成好的习惯。当然，分析和设计不是做一次就可以了，可能我们刚写完又忽然想到了新的点子，没关系，添加上即可，哪怕在编程时临时想到的，都可以随时写出来。在后面的项目开发过程中，我们会不断地强化这种能力，相信你在分析和设计方面都会有很大的提升！

项目2　迷宫寻宝

2.1　游戏分析与设计

2.1.1　生活中的迷宫

①　迷宫的种类

迷宫是指充满复杂通道，人进去不容易出来的建筑物，一般分为单迷宫和复迷宫两大类。

单迷宫是只有一种走法的迷宫。据说，在单迷宫里，只要沿着某一面墙壁走，且走的时候，左（右）手一直摸着左（右）边的墙壁，玩家一定会走出迷宫。当然这种方法可能费时最长，也可能会使你走遍迷宫的每一个角落和每一条死路，但绝不会永远困在里面。复迷宫是有多种走法的迷宫，所以更复杂，经常走着走着就又回到了原点，使得玩家在里面不断地兜圈子。

②　著名的迷宫

自古以来，迷宫就是人们喜欢挑战的项目。世界上很多国家都修筑了著名的迷宫建筑或者树篱迷宫，这些迷宫每天都吸引着成千上万的游客。图2-1是英国最古老的树篱迷宫，据说该迷宫建于1689年，许多小说和诗歌都描写过它。

图2-1　树篱迷宫（图片来自网络）

我国古代有著名的作战用迷宫，叫八卦阵迷宫。在现今的河南安阳羑（yǒu）里城里，就有一座八卦迷宫阵，包括群英阵、连环阵、诱敌阵等8个阵势。游客从离位（正南方）左拐入阵，穿过

8个阵势后，再从离位（正南方）出来，就算胜利，据说只有绝顶聪明的高手才能走出来。由于游客在迷宫里很久都无法走出，甚至一直在兜圈子，越走越着急，所以会看到几处在墙壁边缘留出的小洞，游人在放弃挑战迷宫时可以钻出来。如图2-2所示，图片是来自网络的羑里城八卦阵的实景图和平面图。

图2-2　八卦阵迷宫

除了现实中的迷宫外，虚拟的迷宫类游戏也有很多，它们可以在计算机、手机、iPad上运行，下面我们就用Scratch来设计一款《迷宫寻宝》游戏！

2.1.2　需求分析

一个软件项目或作品不是凭空开发出来的，它一定是源于实际需求的。例如，餐厅想做一款用户点餐软件，会针对软件的功能向开发者提出要求；或者自己想开发一款娱乐性的小游戏，那么会设计出很多规则……作为一个软件开发者，首先要明确到底要做什么，因此需要学习如何描述和分析项目功能。

在项目1的1.6节，我们以《迷宫寻宝》游戏为例，介绍了如何对游戏进行分析和设计，包括如何进行功能描述、词性分析，进而确定游戏中需要哪些角色、每个角色大致包含哪些行为、程序之间的逻辑关系等。基于这些，最终建立了角色行为设计图，即项目的总体设计图，该图是后期编程实现的重要依据。有关分析和设计的过程可以查阅1.6节内容，这里只把项目的总体设计图展示出来。

2.1.3　总体设计

　　利用思维导图工具可以在纸上或计算机上画出角色–行为设计图。该设计需要有一个主题，并包括如下几个方面：背景、角色、变量，每个部分可以逐级具体细化。

　　《迷宫寻宝》游戏角色行为设计如图2–3所示，该图可以帮助我们分解项目模块，大致理顺思路，是后期编程的参考，但不是固定不变的，随着后续对项目理解的深入，也可以对其补充修改与完善。

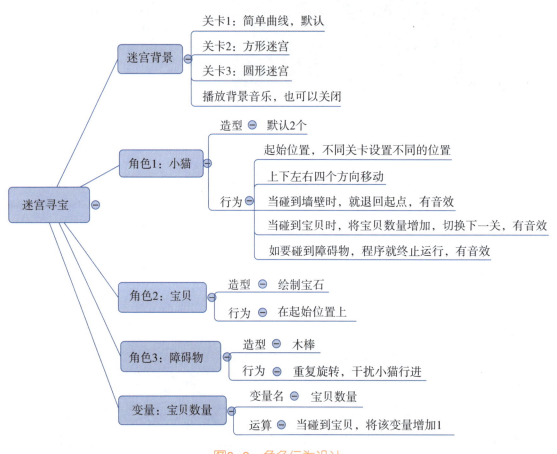

图2-3　角色行为设计

　　根据这张角色行为图，我们可以预估一下哪些功能用现有的知识可以完成，哪些功能还无法实现。因为这是我们真正开始的第一个游戏，知识积累很少，所以很多都是新知识。随着知识积累的增多，后面的项目就可以有重点地提出问题和难点。好吧，带着这些问题，我们就可以开启编程之旅了！

2.2　添加素材

2.2.1　绘制背景

使用绘图编辑器的各种工具，可以绘制迷宫背景。下面的图片可以作为参考，也可以发挥创意，设计自己的迷宫哟！如图2-4所示。

图2-4　迷宫背景

2.2.2　添加角色

根据总体设计图，小猫、声音开关、路障可以从角色库中添加，这里介绍宝石和GAMEOVER（游戏结束）文本的绘制方法。最终的角色列表如图2-5所示。

1. 绘制宝石

① 绘制宝石

宝石角色是由6个三角形组成的，因此在绘图编辑器的"矢量模式"下，先建立一个三角形，然后再用"复制"工具复制出5个，可以为不同三角形填充不同的颜色，最终将其旋转组合成为一个宝石造型。

② 绘制GAMEOVER角色

当游戏结束时，通常出现提示信息。其绘制方式有两种：一是使用绘图编辑器中的"文本"工具，输入GAMEOVER后，可以设置字体，也可以对其缩放改变大小。如果要追求更立体化的文本效果，可以使用角色库内的英文字母，把需要的字母逐个添加到绘图编辑器中，可以改变每个字母的颜色、大小、角度等，最终组合作为一个角色。

具体操作方法是：先将第一个字母G添加为一个角色，再单击该角色，显示其造型列表，使用绘图编辑器上方的"添加"按钮，依次从角色库中添加其他的字母，按照自己喜欢的方式组合成为一个角色。

2.2.3　添加声音

①　为背景添加声音

根据总体设计图，当游戏开始时，响起背景音乐。因此，需要从声音库里选取一段音乐，将其添加到舞台背景的"声音"里面，等待编程时使用。

②　为小猫添加声音

根据总体设计图，小猫碰到墙壁、宝石和障碍物时，会发出不同的音效。因此，在小猫角色的"声音"里，添加3个相应的音效文件，并将其名称修改为"碰到墙壁""碰到宝石""碰到障碍物"，如图2-6所示。

图2-5　角色列表

图2-6　添加声音

2.3.1　游戏开始

① 背景切换

单击舞台背景，从"事件"模块中拖出"当绿旗单击"指令，再单击"外观"模块，找到"将背景切换为关卡1"；同时，找到"播放声音"指令，让程序开始时就播放音乐。编程区的程序脚本如图2-7所示。

图2-7　切换背景

运行测试：选中舞台背景，在其背景图片列表区中先将背景图片切换到其他关卡图片，然后单击绿旗，观察此时背景是否切换到了关卡1，并且音乐响起？如果是，则说明这段程序是正确的。

② 播放和关闭音乐

当单击绿旗时，音乐响起，播放一次。如果用户希望能够控制音乐响起和关闭的话，可以添加类似按钮的角色。例如，添加一个角色，名称为"声音开关"，当单击该角色时（事件模块中），可以停播所有声音（声音模块）。脚本如图2-8所示。测试一下，成功了吗？

图2-8　单击角色，停播声音

刚刚实现的是单击按钮，让声音关闭。但如果再单击一下，音乐是否会又响起呢？目前的程序显然不行，在项目3的3.4.5中介绍了其实现方法，感兴趣的读者可以查看。现在我们赶紧让小猫走起来吧！

2.3.2　小猫移动

在游戏开始后，小猫每进入一个关卡，都有自己的初始位置，之后在上下左右4个方向键的控制下移动。

① 位置初始化

给角色定位，使用的指令是动作模块下的"移动到 x和y"。该游戏中设置了3张迷宫背景，从背景图片特点看，小猫在不同背景上其初始位置有所不同，因此，要分情况考虑。方法是：打

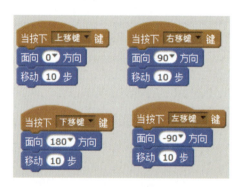

图2-9 不同关卡不同初始位置

开一个背景图片，先用鼠标将小猫拖动到舞台的合适位置上，然后到"动作模块"里，将"移动到x和y"指令拖出来，该指令上的x坐标和y坐标的值就是小猫此时在舞台上的位置，该值是系统自动读取到的，直接使用即可。按照同样方法，可以确定另外两个关卡中小猫的初始位置，最终的脚本如图2-9所示。有了位置初始化的脚本，无论游戏中小猫移动到何处，只要背景切换了，小猫就会乖乖地回到其对应的初始位置上。

同理，宝石和路障在不同的关卡也会有不同的初始位置，按照同样的方法，为两者在不同的背景上设定好位置。

② 上下左右移动

在图1-40中，通过改变坐标值可以让角色上下左右移动。除此之外，还有第二种方法，就是结合面向方向和移动步数两条指令，如图2-10所示。测试一下，绿旗单击后，按下4个方向键后，小猫有没有听话地向各个方向走起来呢？

图2-10 小猫上下左右移动

2.3.3 各种情况处理

小猫在迷宫中行走时，可能会碰到墙壁或者障碍物，这时小猫会有何反应呢？下面会逐一分析和实现。

① 碰到墙壁

按照总体设计图，当小猫碰到墙壁时，要回到起始位置，并伴随音效。这里的墙壁可以用颜色来代表，因此判断时用"侦测"模块里的"碰到颜色"，这条指令块是菱形，本身是一个逻辑数据，其值有两个：真或假，即碰到了指定的颜色其值为真，没有碰到指定颜色其值为假。所以，该指令放到了"控制"模块下的"如果……那么……"指令里。如图2-11所示，列出的是上移键和下移键中的指令。

图2-11　小猫碰到颜色退回起点

以"上移键按下"事件为例，每按一次上移键，小猫会向上移动10步，之后会执行一次判断是否碰到指定颜色，如果碰到了，那么就退回到起点，并播放"碰到墙壁"音效；如果没有碰到，那么什么都不用做。同理，可以把这个判断颜色的指令块复制到左移键和右移键按下的事件中。

> **注意▼** 改变碰到颜色的方法是：单击"碰到颜色"后面的颜色块后，鼠标指针改成了小手形状，此时把小手移动到相应的颜色上，单击，取色完成。

② 碰到宝石

根据总体设计图，当碰到宝石时，切换到下一关卡，并且让宝石数量增加。这里需要使用"变量"。

2. 碰到宝石

1）变量的作用

变量用来存储数据，几乎在所有的程序中都会用到，像"得分""倒计时""生命值"等等，它们在程序中都需要存储，并参与运算。

2）变量命名

在程序中，每个变量都有自己唯一的名字，所以起名时不要重复。命名时，首先要"见名知意"，即根据变量的名称就大概能知道变量的作用，这样可以增加程序的可读性，假如别人来读我们的程序或者很长时间后我们再来读自己的程序时，就很容易知道该变量的含义。另外，变量名中可以含有字母、数字等，但不能以数字开头，如：4score，这个名称就是不规范的。但score4这个名称是可以的，因为数字4没有作为开头。当然，除了变量命名外，为角色、造型、背景以及后面要学习到的过程命名等，基本都遵循这样的规范。

3）变量的作用范围

变量的作用范围有"全局"和"局部"两种，前者指该变量可以被程序中的所有角色使用，后者则只属于某个角色。为什么要有全局变量或者局部变量之分呢？其实主要是从节省内存空间的角度考虑的。

"内存容量"是计算机很重要的一个性能指标，就像手机内存一样，内存容量大，代表程序可以运行的空间就大。同样一个赛车游戏，如果机器内存容量大，那么运行起来的速度就会很快。所以，一个好的程序，不仅要能实现功能，而且占用尽量少的空间。

就全局变量和局部变量的存储特点来说，前者保存在全局存储区中，也就是永久性的存储单元，只要程序在运行，这个存储空间就一直被占用；而局部变量保存在临时存储区中，只要其所属角色的脚本执行完了，那么局部变量就会释放内存，即：用时占内存，不用时释放内存。所以说，在建立变量时，如果该变量只属于某个角色独有的话，就不必定义为全局变量。编程时有意识地考虑到内存空间问题，可以使程序更加的专业和优化。

4）建立宝石变量

选中小猫角色，找到"数据"模块，单击"建立一个变量"，名称为"宝石数量"，作用范围为"仅适用当前角色"即可，如图2-12所示。因该游戏一共有3个关卡，"宝石数量"累积计分，所以，"当背景切换到关卡"后，要将该变量设定为0，当碰到宝石时，增加1，图2-13列出的是判断宝石数量增加的指令，将其分别放到4个方向键的按下事件里。

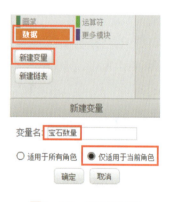  

图2-12　新建变量　　　　图2-13　碰到宝石变量增加

❸ 碰到障碍物

当小猫碰到障碍物时，播放音效，并且让gameover角色出现，之后程序终止。这里涉及3个角色：小猫、障碍物、gameover。Scratch约定，一个角色是不能直接控制另一个角色的，但可以发送消息给对方，对方收到消息后，执行相应动作，就像朋友之间拨打电话和接听电话一样。

在"事件"模块里有"广播消息""广播消息并等待""接收消息"3条指令，对应的含义如下：

1）广播消息/接收消息

广播消息首先需要建立一个消息名称，如"显示gameover"，当小猫广播了这条消息后，若角色gameover接收到了该消息，就会执行"显示"指令，让自身出现。小猫发完广播后，会继续执行自己的后续指令，如"隐藏"指令将自身隐藏起来，并且停止全部。图2-14显示的是流程图及对应的指令。

3. 小猫碰到障碍物

2）广播消息并等待

"广播且等待"的含义是：小猫发送完广播后暂停，等待角色gameover接收广播后，将"显示"指令、"停止全部"指令，执行完毕后，小猫才能继续执行自己的后续指令。试想一下，如果把小猫角色里的"广播消息"指令换成"广播消息并等待"后，运行程序，观察小猫能否隐藏起来呢？为什么呢？可以测试一下程序。

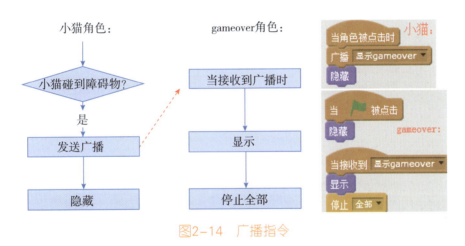

图2-14 广播指令

回到《迷宫寻宝》游戏中，只需要为广播消息加上条件判断即可。程序脚本如图2-15所示。

图2-15 小猫发送广播，gameover接收广播

测试一下程序，观察程序运行情况，怎么样，是不是感觉自己又厉害了呢！加油！

④ 程序优化

程序脚本虽然写完了，但发现有很多指令是重复的，例如，判断碰到颜色、碰到宝石、碰到障碍物等。为优化程序，可以建立过程（或函数），将一段脚本组成一个模块，需要时调用即可。如图2-16所示，在脚本区的"更多积木"找到"制作新的积木"，输入名称就建立了一个过程，过程名是"各种判断"。展开"选项"，还可以设置是否为过程添加参数，例如，判断给定的分数是优秀、良好还是及格，可以编写一个过程来完成，此时可以传递一个数字参数"分数"，来判断给定分数属于哪一个等级。优化后的脚本如图2-17所示，运行一下程序，是不是程序依然能正常运行呢？

很明显，此时的程序脚本更简洁了。

4. 优化程序

图2-16 建立过程

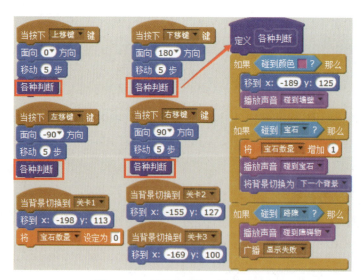

图2-17 调用过程，优化程序

2.3.4　路障旋转

当背景切换到不同关卡时，障碍物在初始位置开始重复旋转。可以建立"旋转"过程，在需要时，调用即可，如图2-18所示。如果希望旋转得慢一些，可以修改等待时间或旋转角度。

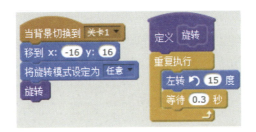

图2-18　障碍物旋转

2.4　调试与分享

2.4.1　程序调试

① 程序出错是常态

在编写程序时，再短的程序也很难确保一次成功，"出错"是编程的常态。甚至说程序出错是好事，因为出错了，我们才能发现自己到底哪里有欠缺，是某个指令使用不对，即语法错误，还是整个逻辑上的错误。所以，在心态上首先要正视程序中的错误，并能耐心、积极主动地去想办法解决。

5. 程序调试技巧

② 调试技巧

高级语言编程一般都会有专门的调试器，当某段程序出错时，可以在该处设置断点，程序运行到此处时，可以把运行的中间结果显示出来，帮助我们查错问题。Scratch没有调试器工具，因此，当程序出现错误时，我们需要学着如何从问题出发，一步步回溯，直到找到原因和解决办法。

1）回溯调试

"回溯"类似于"倒推"，指从当前出错位置往回去找原因。例如，在《迷宫寻宝》游戏中，发现小猫碰到障碍物时程序不终止，对此该如何分析呢？如图2-19所示，程序不终止，说明"当接收显示失败消息"脚本出现了问题，观察这段程序本身，就是"显示和停止全部"2条指令，本身没有问题，那就可能是没有接收到这个消息，继续回溯分析：为什么没有接收到这个消息呢？检查发送广播的脚本，是不是发送广播出现了问题呢？要想发送广播，必须满足条件，即：小猫碰到了障碍物。而实际测试时，确实是碰到了障碍物。那最后再看，整个脚本是写成了一个过程，是不是过程没有被调用呢？因此，观察4个方向键的脚本，果然，当按下下移键，根本就没有调用"各种判断"过程，所以，过程里的指令就没有机会执行。

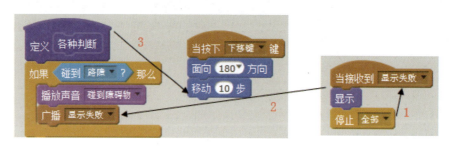

图2-19　程序调试的分析方法

2）小段调试

编程是一个慢功夫，通常编写完一小段程序后，就需要运行程序，观察结果和预想的是否一样，如果不一样要赶紧查找问题。等到这一小段没有问题后，接着再编程再调试。一定不要洋洋洒洒地写了很多条代码后再调试，因为代码越多，出现错误的概率就越大，查找问题的困难也越大。与其这样，不如编写一小段程序后，就来调试，那样的话，当出现问题时，针对性更强，便于快速找到问题。

例如，小猫寻宝游戏中，当写完4个方向键移动的脚本时，就来测试一下小猫是否能跟随方向键进行相应的移动；如果可以，继续看，当碰到墙壁时，是否可以退回到起点。如果不能退回，那么是不是"碰到颜色"指令里的"颜色"选取有问题呢？如果这个功能实现了，再编写碰到障碍物的脚本，然后继续测试……

图2-20　角色播放时可拖曳

其实，在这个游戏中，还有个调试技巧，例如，如果你想调试第3关的情况，是不是要等玩过前两关才可以呢？显然这样会耽误时间。这里可以设置角色为"播放时可拖曳"，这样在大屏幕播放模式下，就可以把小猫拖到宝石附近，快速地观察结果，如图2-20所示。

3）同伴试玩

除了程序语法和逻辑错误之外，程序中可能还会出现很多其他的问题。例如，在第二关中，小猫明明碰到了宝石，为什么回到了初始位置呢？如图2-21所示，显然，绘制宝

图2-21　几个出错的地方

石时，最下面三角形的颜色和墙壁的颜色碰巧设置成了一样的，所以小猫在碰到了宝石时系统却判断为碰到了墙壁。又比如，不同关卡路面的宽度不同，所以小猫的大小以及移动的步数等可能还需要做一些调整，碰宝石时，背景要切换到下一个背景……类似的问题其实还有很多。

因此，当自己把程序差不多调试好后，尽量能分享给同学，让大家试玩，有些问题自己可能没发现，但是别人玩的时候很容易就发现了，注意收集别人的建议和反馈，然后再对程序做进一步的修改和完善。

2.4.2　程序分享

我们可以在Scratch官网注册用户名和密码，登录后，可以上传自己的作品，官网社区里有全世界的Scratch编程爱好者，大家可以互相欣赏和完善作品，并提出修改建议，是个非常好的分享社区。

6. 分享程序至官网

① 注册方法

在浏览器地址栏里输入https://scratch.mit.edu，在首页顶部右侧有Join Scratch（注册）和

Sign in（登录）按钮，如图2-22所示。单击注册按钮后，出现输入用户名和密码的对话框，跟随提示操作即可。注册完成后，就可以用用户名和密码进行登录了。

图2-22　注册和登录

② 分享方法

当程序完成后，可以单击"文件"菜单下的"分享到网站"，出现对话框，输入当时注册的用户名和密码，即可登录到官网，如果出现"上传失败"的提示，一般是用户名或者密码写错了，如图2-23所示。

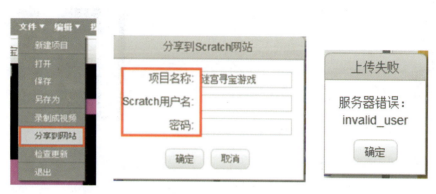

图2-23 分享到网站

当出现成功提示后，会自动进入官网并登录成功，单击"我的文档"按钮，可以看到刚刚上传的程序放在了"未分享项目"里，如图2-24所示。

图2-24 准备分享

单击要分享的程序，打开设计界面，可以继续修改，或者直接填写相关的信息，例如程序的操作说明、备注与感谢等，之后单击右上角的"分享"按钮，此程序就处于已分享状态，如图2-25所示。这时别人就可以试玩和下载你的程序，并且可以给你点赞、写评论等，如图2-26所示。同样，你也可以去观看和学习别人的程序，给别人提出建议。这样的分享是不是有助于程序创意和功能改进呢？加油！

图2-25 程序说明和分享

图2-26 分享与评价

2.5 本章小结

　　到现在为止，《迷宫寻宝》游戏的开发就大功告成了。怎么样，对自己的作品还满意吗？

　　在这个项目中我们学习了如何添加舞台背景、角色造型以及声音，如何切换舞台背景，播放和关闭声音，角色定位，方向键控制事件，侦测颜色，碰到角色，重复结构，条件判断等，这个过程虽然艰辛，但是相信你一定体会到了编程的乐趣。

　　在做游戏的过程中，你是不是也会萌发很多好的点子和创意？例如，宝贝造型是不是可以多种多样呢？宝贝出现的位置是否可以随机呢？能否给游戏增加倒计时功能呢……有了这些想法，别忘了记录下来，好记性不如烂笔头哟！这些功能在后续的项目中会接触到，到时可以再来完善《迷宫寻宝》游戏！

项目3　双人射击比赛

3.1　导入项目：植物大战僵尸

3.1.1　需求分析

大家玩过《植物大战僵尸》游戏吗？这是一款极富策略性的小游戏，游戏中的主要角色是僵尸和植物，每种僵尸和植物有不同的特点和功能，玩家可以根据实际情况灵活种植合适的植物来抵御僵尸入侵。下面就来开发一款简易版的植物大战僵尸游戏。

① 功能描述

如图3-1和图3-2所示，植物王国里最近经常有僵尸的入侵，为了保护家园不受侵犯，植物们对僵尸发起了勇猛攻击。僵尸在右侧边缘随机位置上出现后，一直向左走。玩家控制植物上下移动，瞄准僵尸后，开始发射子弹。如果子弹击中僵尸，则得分增加，这个僵尸会消失。其他僵尸也会连续不断地出现，一旦僵尸撞到了植物，则游戏终止。

图3-1　《植物大战僵尸》界面

图3-2　僵尸造型

64

② 词性分析

1）找名词和动词，确定角色和行为

根据功能描述，找到的名词有：植物王国、僵尸、家园、右侧边缘、植物、子弹、游戏；找到的动词有：入侵、侵犯、攻击、出现、向左走、移动、瞄准、发射、击中、消失、撞到、终止。尝试为这些动词找主语，例如，僵尸入侵、攻击、出现、向左走、消失、撞到，植物移动、瞄准，子弹发射、击中。因此，需要作为游戏角色的是僵尸、植物、子弹，因为它们都需要有执行的动作。像植物王国、家园等，则可以通过背景来体现。

2）找数据和关系，确定变量和逻辑

根据功能描述，与数据有关的是：随机位置、得分、连续不断出现，其中得分在游戏中需要存储，因此需要建立"得分"变量。与逻辑有关的是：条件结构（例如，如果子弹击中僵尸，那么得分增加；如果僵尸碰到了植物，那么游戏终止），循环结构（例如，一直向左走、僵尸连续不断出现）。角色之间的关系是：移动植物能瞄准僵尸后，发射子弹；子弹射中僵尸后，僵尸消失；僵尸碰到植物后，游戏终止。

3.1.2　总体设计

根据需求分析的结果，可以利用思维导图工具画出角色行为设计图，如图3-3所示。该游戏主要功能模块是：植物移动、子弹发射和僵尸进攻。

3.1.3　新知识学习——逻辑运算

1. 逻辑运算符

前面我们经常判断是否碰到某个颜色、或碰到某个角色、或碰到边缘等，这些指令都是菱形框，代表逻辑值（真或假），用于判断某个条件是否满足。有时候不光判断一个条件真或者假，还有可能多个条件组合判断，例如，僵尸在左移的过程中，碰到了植物或者是碰到了子弹，只要满足其中一个条件，那么僵尸就消失，类似这种对逻辑值组合判断的运算称为逻辑运算。在程序中，一共有3个逻辑运算符，分别是或运算、与运算和非运算，可以根据需要组合使用，如图3-4所示。

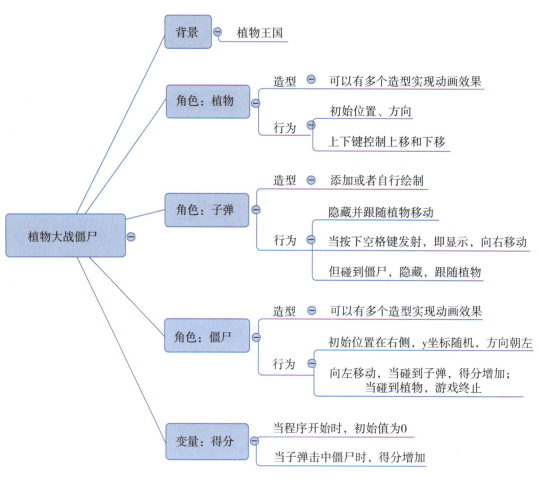

图3-3　角色行为设计

条件1	条件2	运算	结果
真	真	或	真
真	假	或	真
假	假	或	假
真	真	与	真
真	假	与	假
假	真	与	假
假	假	与	假
真		非	假
假		非	真

图3-4　或、与、非运算

① 或运算

或运算是指：两个条件（或多个条件）中有一个值为真，那么整个或运算后的值就是真。比如，僵尸碰到子弹或者碰到植物，表示其中若有一个条件成立，就不需向左移动，退出本次循环。

② 与运算

与运算是指：两个（或多个）条件中所有的值都为真，那么整个与运算后的值才是真。例如，判断一个学生的成绩是否为良好（74～85），那么有两个条件："是否大于74"和"是否小于85"，只有这两个条件同时满足，成绩才属于"良好"，所以，需要用与运算。

③ 非运算

非运算是指：和条件的逻辑值相反，例如"是否按下空格"不成立，意味着没有按下空格时，整个非运算的值才是真；再如"得分>59"不成立，实际指"得分小于或等于59"时这个运算结果为真。

在编程时，条件判断的使用非常多，条件中的表达式，除了有比较大小的算术运算，或者是侦测判断外，逻辑运算也非常多，理解图3-4中3种逻辑运算符的特点，在编程时就可以灵活运用了。

3.1.4　编程实现——僵尸进攻

该模块需要实现3个主要功能：一是添加多个造型，实现造型切换，让僵尸有行走的动画效果；二是设置僵尸的起始位置，使僵尸每次随机出现在屏幕最右侧，即x值固定，y值为（-180-180）范围内的；三是僵尸向左进攻，可能会被子弹射中，此时玩家得分增加，僵尸隐藏，并再次在右侧的随机位置出现；也可能会撞上植物，那么游戏就结束。

① 算法分析

1）切换造型产生动画效果

打开搜索引擎（如百度），在网页的搜索框中输入关键字"动图 植物大战僵尸"后，下载合适的僵尸动图，上传该文件作为Scratch角色。该角色有多个造型，重复切换造型，就会产生动画的效果。有关动画产生的原理可以参考后面的"知识扩展"部分的内容。

2）僵尸垂直方向上位置随机

在"运算"（有的Scratch版本叫数字和逻辑运算）模块下，有一条数值指令是 ，可根据需要设置取值范围（可以为小数）。根据Scratch舞台坐标系中x坐标和y坐标的取值范围，可以设定僵尸角色的起始横坐标即x的值为240（即最右侧），纵坐标即y的取值范围为−120～120。

3）僵尸左移"进攻"过程

左移时可能会碰到子弹或者植物，只要碰到其中的一个，都不再左移，并且碰到子弹时让得分增加，而碰到植物时整个游戏就结束。僵尸"进攻"的过程如图3-5所示。

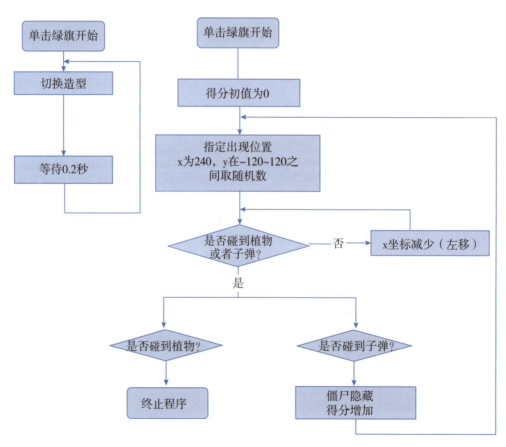

图3-5　僵尸左移流程图

②　编程实现

依据流程图，僵尸角色上的脚本如图3-6所示，运行并调试程序。

2. 僵尸行走

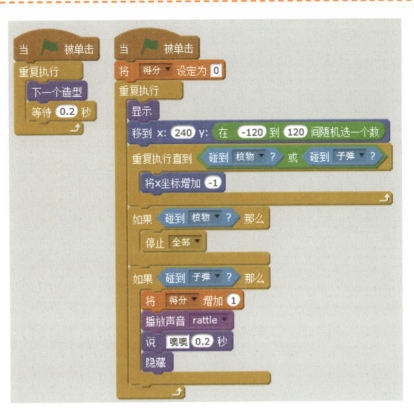

图3-6 僵尸行走脚本

3.1.5 编程实现——发射子弹

该模块主要实现两个功能：一是让子弹被发射前一直处于隐藏状态并跟随植物移动。二是当按下空格键后，子弹显示并一直向右移动，如果碰到（击中）僵尸，得分增加，子弹隐藏；如果子弹没有击中僵尸，那么当接近舞台右侧边缘时，就隐藏，并回到起始位置。

① 算法分析

1）植物行为分析

植物起始位置在舞台左侧，当按下上移键时，植物向上行走；当按下下移键时，植物向下行走；当按下空格键时，广播"发射子弹"，通知子弹开始移动。植物在移动的过程中还会重复切换造型，如图3-7所示。

植物：

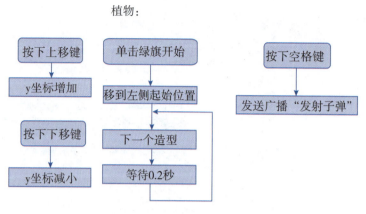

图3-7　植物行为流程图

2）子弹行为分析

子弹在没被发射前处于隐藏状态并一直跟随植物移动。当接收到"发射子弹"消息后，显示出来，并向右移动，如果"击中"僵尸或者到达右侧边缘，那么子弹就终止右移，并隐藏。

子弹行为的算法流程图如图3-8所示。

子弹：

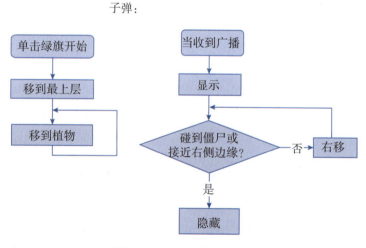

图3-8　子弹行为流程图

② 编程实现

1）植物角色脚本

根据如图3-7所示的植物行为流程图，编写脚本如图3-9所示。

图3-9　植物行为脚本

3. 发射子弹

2）子弹角色脚本

根据如图3-8所示的子弹行为流程图，编写脚本如图3-10所示。

图3-10　子弹角色脚本

③　调试程序

单击绿旗后，植物可以在上下键的控制下移动，僵尸也能自右向左移动。但是当按下空格键后，发现子弹显示出来了，但是没有向右发射。这是什么原因呢？先自己分析试试。

1）回溯分析

按照现有的脚本，如果子弹没有发射，则意味着没有执行"将x坐标增加10"这条命令，如果没有执行这条指令，一定是因为没有满足条件。条件是这样设定的：当子弹碰到了僵尸或者接近舞台右侧边缘时，子弹就停止移动；反之，如果没有碰到僵尸或者没有接近舞台右侧边缘，那么子弹应该一直右移。

再看程序目前的执行效果，发现：子弹停留在植物上，确实没有碰到僵尸，也没有接近舞台右侧边缘，按程序逻辑看，子弹应该一直右移，但为什么却不能右移？

既然这段脚本逻辑上没有问题，那么是不是受其他脚本的影响呢？我们再看单击绿旗时，一直让子弹跟随植物走，既然限定了一直跟随植物，那子弹还有机会右移吗？显然问题出在这里，子弹本来想向右移动，可是刚想移动，就执行了重复跟随植物的指令，因此，看到的效果是子弹一直停留在植物角色上。

2）修改程序

理顺一下算法：在没有发射子弹的时候，子弹一直跟随植物，但一旦开始发射了，子弹就不需要再跟随植物，而是不断向右移动。当子弹退出向右移动的循环时，才又继续跟随植物。显然，只要将子弹移动的脚本和子弹跟随植物的脚本组合起来，按先后顺序执行，问题就解决了。

这里用到了"侦测"模块下的"按键是否按下"指令，用这条指令可以判断是否按下某个键，也就是说，按下空格键（或键盘上的其他键）这样的功能，既可以通过事件模块里的指令来实现，也可以用侦测模块里的"按键是否按下"指令来实现，程序中根据情况灵活选用流程图和对应的脚本如图3-11所示。

4. 调试程序

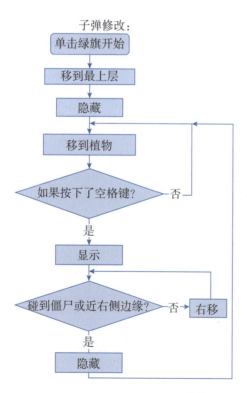

图3-11　修改后的子弹脚本

运行程序，按下空格键后，观察子弹是否能够发射出去。多试玩几次，或者分享给同学试玩，观察游戏中是否还存在其他的问题，及时调整。

 知识扩展：动画的实现原理

5. 火柴人动画

从Scratch库中添加进来的角色，一般都有很多个造型，如果将这些造型重复地轮流切换，就会看到好玩的动画效果。其实，这种动画是大脑产生的错觉而已。1824年，英国伦敦大学教授皮特·马克·罗格特提出了"视觉暂留现象"，又称"余晖效应"。他认为，人眼在观察景物时，光信号传入大脑神经，需经过一段暂留的时间，光的作用结束后，人眼视网膜上的视觉形象并不立即消失，这种残留的视觉称为"后像"。

生活中有没有类似的视觉暂留现象呢？例如，过马路时提示灯显示的行走的小绿人、下雨天雨滴快速下落看起来像一条线……

利用大脑的视觉暂留特点，编程时可以通过快速切换造型产生动画效果。观察下面的火柴人，连贯起来看，快速切换，这个火柴人在做什么动作呢？你能否利用Scratch去绘制并快速切换造型呢？

完成了这个游戏编程后，相信你的编程能力又提升了。继续思考：如果有两个好朋友想一起玩游戏，目前的程序显然有局限，下面就来设计和开发一个双人射击游戏。

3.2 《双人射击比赛》分析和设计

3.2.1 需求分析

① 功能描述

时间： 漆黑的深夜

地点： 森林里

人物： 多只僵尸、两名射击者

起因： 为抵御僵尸入侵，两名射击者射击僵尸。

经过： 玩家在程序开始时可自选造型，很多僵尸不定时地随机出现，两名射击者在远处对准僵尸发射子弹，当子弹击中僵尸则给该名射击者加分，僵尸消失后再重复出现。

结果： 到达限定时间后，比赛结束，裁判员公布比赛结果。

② 词性分析

1）找名词和动词，确定角色和行为

根据功能描述，找到的名词有：深夜、森林、僵尸、射击者、子弹、造型、裁判员、比赛结果，找到的动词有：抵御、入侵、射击、出现、对准、击中、消失、倒计时、自选、结束、公布。尝试为这些动词找主语，例如，僵尸出现、入侵、消失，射击者抵御、射击、对准、自选，子弹击中，裁判员公布。

找出具有动作行为的名词，作为游戏的角色，包括：僵尸、2名射击者、2发子弹、裁判员，而深夜、森林等没有动作行为的名词可以通过背景图片来表达。

2）找数据和关系，确定变量和逻辑

根据功能描述，与数据有关的是：多只、两名、很多、不定时、随机、加分、倒计时、时间、比赛结果。其中，值不断改变并需要保存的是：倒计时及射击者各自击中僵尸的个数。因此，初步需要3个变量，分别是倒计时、A击中数、B击中数。

与逻辑有关的是：条件结构（例如，子弹击中僵尸就给相应的射击者加分、僵尸碰到了射击者则游戏终止、超过规定时间游戏终止等），循环结构（例如，僵尸重复向左移动、重复出现等）。角色之间的关系是：移动植物，瞄准僵尸后，发射子弹；子弹"射中"僵尸后，僵尸消失，子弹消失；僵尸碰到植物后，僵尸消失，子弹消失，游戏终止。

3.2.2 总体设计

根据需求分析的结果，用思维导图工具在纸上或者是计算机上画出角色行为设计图，当然也可以加上自己的创意，一定不要担心写得不完整，从少到多、从小到大不断地积累，就会设计得越来越完整，这里展示一个角色行为设计图做参考，如图3-12所示。

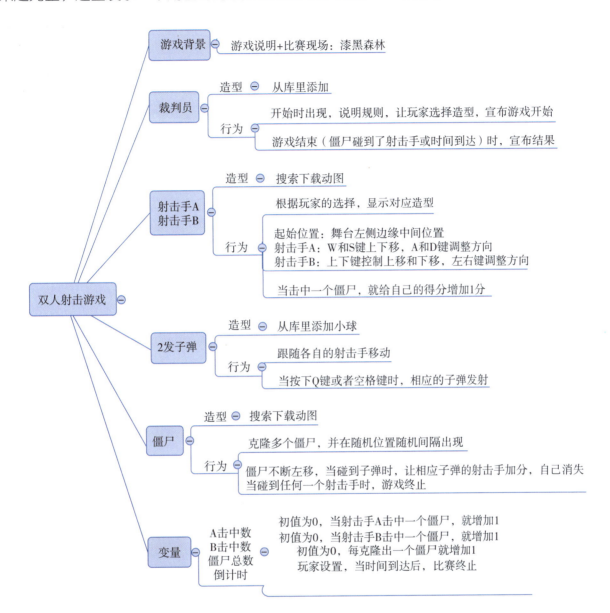

图3-12　角色行为设计

　　根据设计图，我们对整个游戏有了大致的认识，并且可以把感觉实现起来有困难的地方标记出来，这些都是接下来需要学习的新知识或者要解决的难点。

3.2.3　新知识学习

①　计时器

1）相关指令

6.计时器实现

在"侦测"模块下有"计时器"和"将计时器归零"两条指令。选中"计时器"选项，可以把当前计时数据显示在舞台上，单位为秒，如图3-13所示。观察舞台计时器数值，测试并回答如下问题：每次单击绿旗时，计时器的初值是多少？是0。当单击红色按钮终止程序后，计时器是否停止计时呢？显然，没有停止。这是Scratch计时器的特点，可以使用"将计时器归零"指令在需要时让计时器为0，重新计时。

2）倒计时实现

在"事件"模块下，有一个指令是"当计时器大于某个值"，表示当计时器的值大于某个值后，就可以做什么事情。例如，当计时器超过5秒时，就播放声音。如图3-14（1）所示，运行程序验证一下结果，5秒后，听到声音了吗？

如果要求每隔5秒就播放一次声音，那么该如何实现呢？显然，计时器到达5秒后，需要将计时器归零，重新计时。如图3-14（2）所示。

继续思考，如果希望每隔1秒播放一次声音，如何操作呢？对，把5换成1就可以了。如果每隔1秒让变量"计时"减去1，再将计时器归零，如图3-14（2）所示。测试一下程序，是不是实现倒计时功能了呢？快去试试吧！

图3-13　计时器指令　　图3-14（1）　计时器应用　　图3-14（2）　计时器归零

其实与计时有关的重复动作，基本都是将指令"当计时器大于某个值"和"计时器归零"组合使用。例如，每年的春节晚会上，都会摇号抽取幸运观众，摇号开始时，电话号码在重复轮流显示，该功能用计时器事件就可以来实现，有兴趣的话等学习了链表后可以尝试一下。

② 克隆

大家都知道孙悟空神通广大，拔根毫毛一吹，就可以变来变去，想变多少就变多少。其实在很多游戏中，舞台上会出现大量的造型，例如，吹泡泡游戏中有大量的大小不一的泡泡，这些泡泡本身不是一个个角色，而是一个角色的"克隆体"。本游戏中，也会有很多个僵尸出现，可以使用"克隆"来实现。在"控制"模块下，有3条相关指令，如图3-15所示。

1）产生克隆体

任何一个角色都可以克隆自己或者克隆其他角色。自己本身叫做本体，克隆出来的叫克隆体。克隆体具有本体的一切属性和功能，也就是说，本体能干什么，克隆体也能干什么。同时，克隆体还可以有自己的特点，比如克隆体各自的颜色、大小、行为，等等，本游戏中很多大小不一的僵尸就通过克隆产生。

2）启动克隆体

产生了克隆体后，要想让其执行某些动作，就需要启动，使用"当克隆体启动时"事件，克隆体要执行的动作放在这个事件下面就可以。

3）删除克隆体

当克隆体完成了使命后，需要使用"删除本克隆体"命令及时删除，否则会占用大量系统内存，而"内存"对于游戏运行来说非常重要。所以，及时释放内存，能让程序运行起来更快、更顺畅。同理，在本游戏中当僵尸碰到子弹后，也需要将其克隆体删除。

7. 角色克隆

图3-15　关于克隆的指令

练　习

单击绿旗开始，等待2秒就克隆一只小猫，克隆体的造型、大小、颜色特效以及位置随机，等待随机时间（5～10秒）后，删除克隆体。参考脚本如图3-16所示。

图3-16 参考脚本

③ 造型外观

在"外观"模块下，有很多指令，这些指令能让角色造型看起来更有趣，比如，调整大小、颜色、亮度等等，可以将这些指令归为3类，以便于理解和使用。

1）1栏：显示类

Scratch舞台上的角色有图层之分，默认最先添加的角色放置在最底层，最后添加的角色放置在最上层，因此，如果把角色重叠放置，那么先添加的角色会被遮盖掉。可以使用"移到最上层和下移几层"来设置叠放顺序。此外，角色还可以说话和思考，也可以一直说或者设置说多长时间。注意，角色如果隐藏后，说话和思考的内容也将被隐藏。如图3-17 1栏所示。

图3-17 外观模块下三类指令

2）2栏：设置类

在编程中，经常需要切换造型或背景，可以指定造型名称或者编号来切换造型，或者从当前造型开始用"下一个造型"来切换。还可以设置角色的大小，比如设定为某个值，或者在现有大小的基础上去增加或者减小（增加负值即为减小），如图3-17 2栏所示。

如果需要知道某个角色当前的造型编号或背景名称或者角色大小，可以用后面的3条数据指令读取出来。注意：角色大小中的数值代表的是百分比，如将角色大小设置为100，是指实际大小的1倍；如果设置成200则表示放大了1倍，设置成50代表是实际大小的一半。

3）3栏：特效类

如图3-17 3栏所示，我们还可以给角色设置很多特殊效果，通过设定具体的数值，或者增加或减少一定的数值，来改变效果，还可以一次性对所有特效进行清除。如图3-18所示，是各种设置对应的效果。

颜色特效　　旋转特效　　鱼眼特效　　像素特效

马赛克特效　　亮度特效　　透明度特效

图3-18　各种特殊效果显示

练　习

添加一个角色，分别单击"造型外观"下的那些指令，观察并验证结果，加深对每个指令的理解。

3.3　准备素材

在3.1节编写了简易版的植物大战僵尸程序，打开该程序，单击"文件"→"另存为"命令，文件名设为"双人射击游戏"，单击"确定"按钮后，Scratch界面左上角的文件名修改为新的名字，我们可以将角色上的脚本删除，仅保留角色造型（别担心！原先的文件依然存在，刚刚只是把它复制并改名了）。

3.3.1　角色和变量规划

根据项目总体设计，游戏中涉及多个背景、角色和变量，可以先整理出来，后续可以依据此方案操作，如表3-1所示。

表3-1　游戏角色变量规划表

类型	名称	造型来源	初始状态
背景	背景1	从库中添加	游戏开始前显示
	背景2	从库中添加	游戏开始时显示
角色	射击者A	下载动图	$(-220, 0)$，隐藏
	射击者B	下载动图	$(-220, 0)$，隐藏
	子弹A	从库中添加	跟随选定的射击者，隐藏
	子弹B	从库中添加	跟随选定的射击者，隐藏
	僵尸	下载动图	$(230, 0)$，显示
	裁判员	从库中添加	大概屏幕中间，显示
变量	A击中数	全局变量	初值为0，隐藏
	B击中数		初值为0，隐藏
	僵尸总数		初值为0，隐藏
	倒计时		询问玩家

依据该表的约定，添加好背景、角色，建立好变量，如图3-19所示。大部分造型都可以来源于Scratch造型库或者自行绘制，下面介绍射击者造型的添加方法。

图3-19　角色列表

3.3.2　准备射击者造型

根据项目总体设计，游戏中需要两名射击者，这两名射击者的造型由玩家选择。所以，需要为射击者添加足够多的造型。可以到网上搜索下载4种植物动图，将动图添加到射击者造型中，每种动图上传后只留两个造型，这样一名射击者就有8个造型（4类）。因为上传后的造型可能需要去除背景、修改大小或者名称，等等，所以，可以集中把一名射击者造型设计好后，通过复制来创建另一名射击者。

① 上传动图

从百度网站下载4个不同的植物动图，将其上传作为射击者A角色的造型。上传完成后，射击者A角色的造型顿时丰富起来了，为方便起见，我们把每种动图的造型保留两个，其他的删除掉，并且修改造型名称为A_1、A_2、B_1、B_2、C_1、C_2、D_1、D_2（注意这里的短线是下划线，按住Shift键，再按下减号键）。把这些造型的名称进行分类命名，不仅看起来很清楚，关键是方便后期编程时的读取和判断，如图3-20所示，是一名射击者的8个造型。

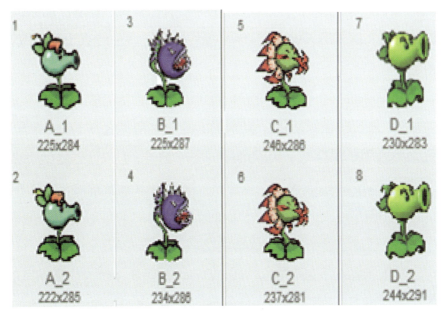

图3-20　角色的4类造型及命名

8. 准备射击者造型

② 修改造型

如果植物造型带有背景，则可以使用"位图模式"下的"去背景"工具进行抠图 去掉背景，具体方法参考项目1中的相关介绍。如果造型尺寸不合适，则可以使用 工具对造型进行缩放，使这8个造型的宽度和高度大概接近即可。最后，再看一下每个造型中心点的位置是否都是一致的，一般来讲，上传的图片造型中心点默认在造型的中间位置。

有关射击者A的造型修改完成后，再复制同样的角色，名称修改为"射击者B"，两名射击者除了角色名称不同外，造型信息完全相同。

3.4 编程实现

3.4.1 游戏准备

当单击绿旗开始，先切换到背景1，舞台上显示出4张植物图片（每个类别里的第一个造型），裁判员询问玩家选择哪两个图片作为射击者A和射击者B的造型，玩家选定，并阅读游戏规则之后，游戏真正开始。这里的关键点是：4张图片如何显示？玩家如何选取？

① 显示4张图片

1）算法分析

建立4个图片角色，每个角色对应每个类别里的第一个造型图片，让4个角色顺序摆放在舞台上。建立两个变量分别用于保存两个玩家选取的图片编号，比如，编号A、编号B。因为射击者角色里的8个造型命名规律是A_1、A_2、B_1……所以可以设置当第一张图片被单击时，让变量值为A；第二张图片被单击时，变量值为B；以此类推。

（1）添加角色。复制射击者A角色，新角色命名为"图片A"，保留A_1造型，删除其他7个造型。同样，再复制射击者A产生新角色"图片B"，保留B_1造型，删除其他7个造型，同样的方法，建立"图片C、图片D"两个角色。准备好的角色列表如图3-21所示。

（2）用流程图表示算法。4个图片角色的算法基本类似，如图3-22所示，是图片A和图片B角色实现的流程图；图片C和图片D角色与其类似，只是给变量赋予的值有所不同。

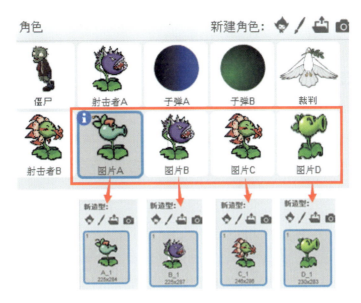

图3-21 4个图片角色和其对应的造型

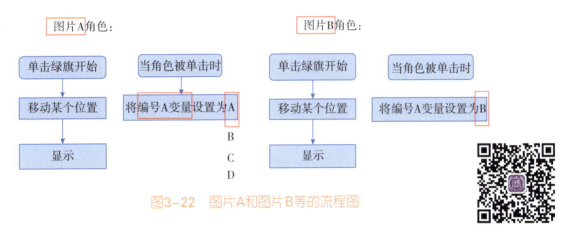

图3-22 图片A和图片B等的流程图

9. 准备自选造型

2）编程实现

如图3-23所示，是每个图片角色上的程序脚本，注意，移到的坐标位置可以灵活设置。

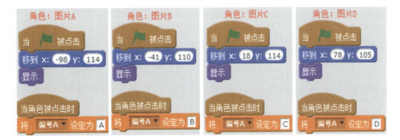

图3-23 4个图片角色上的程序脚本

当游戏开始时，射击者A就可以根据编号A的值，用"运算"模块下的"连接字符串"指令，将其与"_1"连接上，就可以拼凑成为一个造型的名称，从而让其显示出对应的造型，具体指令为：将造型切换为 连接 编号A 和 连接 ■ 和 1

② 裁判员协调

1）算法分析

当绿旗单击时，裁判员出场，通过询问让玩家依次为射击者A和射击者B选取造型，并说明比赛规则，5秒后宣布比赛开始。前面实现了单击角色后为射击者A赋相应的值，那么如何再为射击者B赋值呢？显然，射击者A的造型选择完成后，再来为射击者B选择造型，所以，这里面应该有一个先后关系。为了能区分这两种情况，可以建立一个变量叫做"标志"，比如其初值设置为1，当为1时，此时如果单击了角色，那么是给编号A变量赋值；当标志变量的值为2时，此时若单击了角色，则是给编号B变量赋值。那么谁来控制"标志"变量的值呢？我们把这个重任交给裁判员来完成。

对应的流程图如图3-24所示。

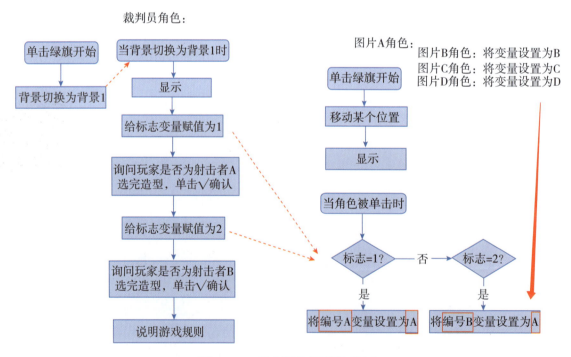

图3-24　裁判员协调算法分析

2）编程实现

根据流程图设计，裁判员角色上的程序脚本如图3-25所示，在公布比赛开始后，等待2秒钟，将背景切换为背景2。

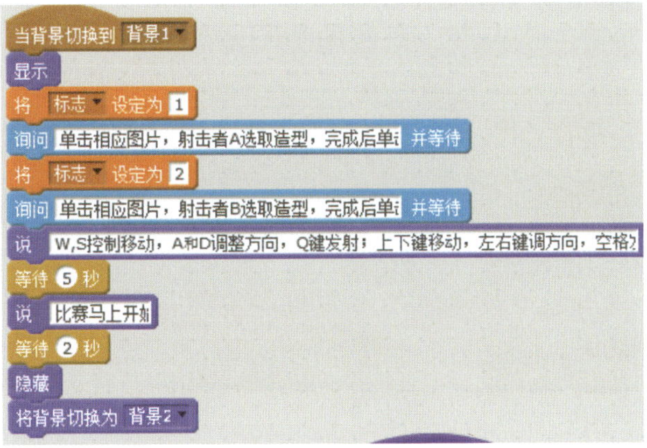

图3-25　裁判员角色的程序脚本

4个图片角色上的程序脚本类似，如图3-26所示，显示的是图片A角色上的脚本，图片B角色的脚本只需要将编号A和编号B变量赋值为B；同理，图片C角色里将变量赋值为C，图片D角色里将变量赋值为D，此处不再展示其程序脚本。

当玩家选择完造型后，一旦背景切换到背景2，游戏就正式开始，此时两名射击者角色就需要根据变量值将各自的造型进行切换，对应的程序脚本如图3-27所示。

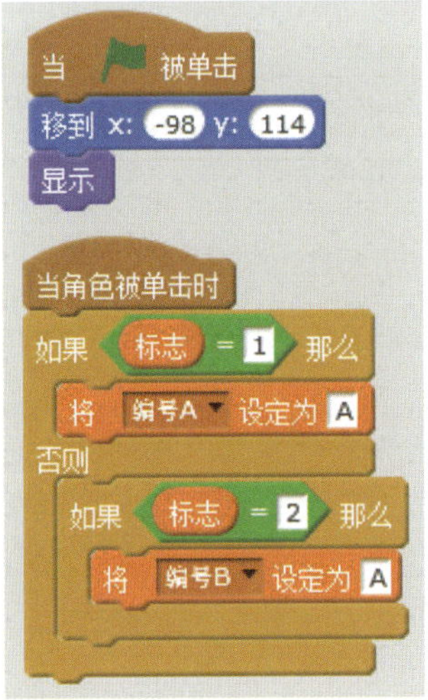

图3-26　图片A角色脚本 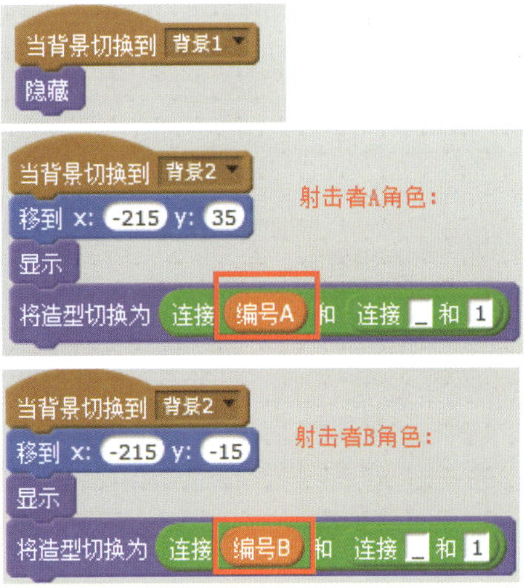　　　图3-27　射击者角色脚本

③ 角色的状态设置

当单击绿旗时先将背景切换为背景1，此时是准备阶段；裁判员宣布游戏开始后将背景切换为背景2。在不同阶段，各个角色的显示状态是不一样的。在准备阶段，需要显示的角色是4张图片、裁判员，其他角色均需隐藏；游戏开始时，4张图片和裁判员隐藏，其他角色显示。如图3-28所示，这里只列出部分角色的脚本，其他角色同理。

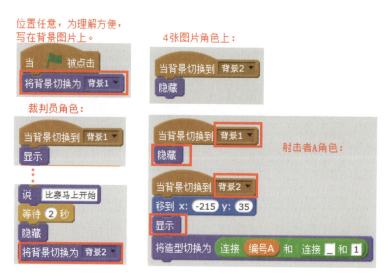

图3-28　角色初始状态

④ 变量初始化

变量在使用前，都需要初始化，即给一个初始值。如果变量用来计数，初值一般设置为0，比如该游戏中的A、B射击者击中的僵尸数以及僵尸总数；标志变量主要用于区分，其初值设定没有要求，只要在不同情况下取不同的值即可，例如上面把标志初始设置为1，后来设置为2，用于区分两种情况，当然如果把标志初值设置为A，后来再设置为B，也是可以的。编号A和编号B变量的初值可以设为0或者其他字符。为方便起见，可以都设置为A，后续在程序中再根据用户的单击对其赋予A、B、C、D不同的值。

变量初始化的脚本可以写在背景或角色的相应事件中，如图3-29所示。

图3-29　变量初始化

3.4.2　多只僵尸行走

在简易版植物大战僵尸游戏中，实现了僵尸从右侧随机位置向左行走的功能，这里需要实现多只大小不一的僵尸不定时地随机出现并行走。

① 算法分析

使用克隆来产生多只僵尸，可以设置等待随机时间，让僵尸不定时地出现；同时，克隆体大小也可以设定为随机数，让僵尸的大小不同。僵尸在不断左移的过程中，可能碰到子弹A/子弹B或者射击者A/射击者B，只要碰到其中任何一个，就不再左移。同时，进行不同情况的处理：当碰到子弹A时，需要使A击中数变量增加；当碰到子弹B时，需要使B击中数变量增加；当碰到射击者A或者射击者B中的任何一个时，游戏终止。此外，僵尸在左移过程中不断切换造型，实现动画效果。算法的流程图如图3-30所示。

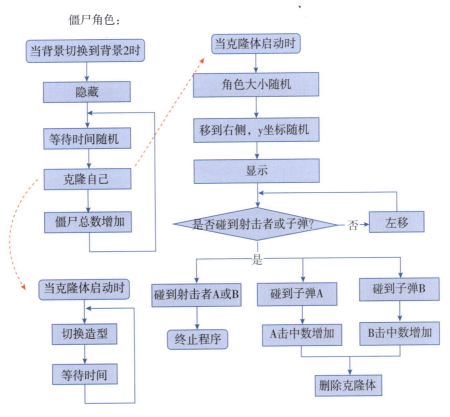

图3-30　多只僵尸移动

②编程实现

1）不定时克隆

图3-31　不定时克隆僵尸

使用随机数作为等待时间，可以使得克隆体产生的速度有快有慢，用户看到的是多个克隆体出现。另外，每产生一个克隆体，就让僵尸总数增加1，可以统计出一共出现的僵尸数量。在此期间，僵尸本体一直隐藏，只负责克隆，不参与整个过程。脚本如图3-31所示。

2）僵尸移动

克隆体启动时，就像是一个独立角色，可以设置大小和位置，此处大小为30～80间的随机数，意味着最小是原来的0.3倍，最大不超过原来的0.8倍。x坐标减少，僵尸不断左移，直到碰到子弹A或子弹B或射击者A或射击者B，重复终止。之后，再具体分情况编程增加，最终，完成使命后就删除克隆体，释放内存空间，脚本如图3-32所示。

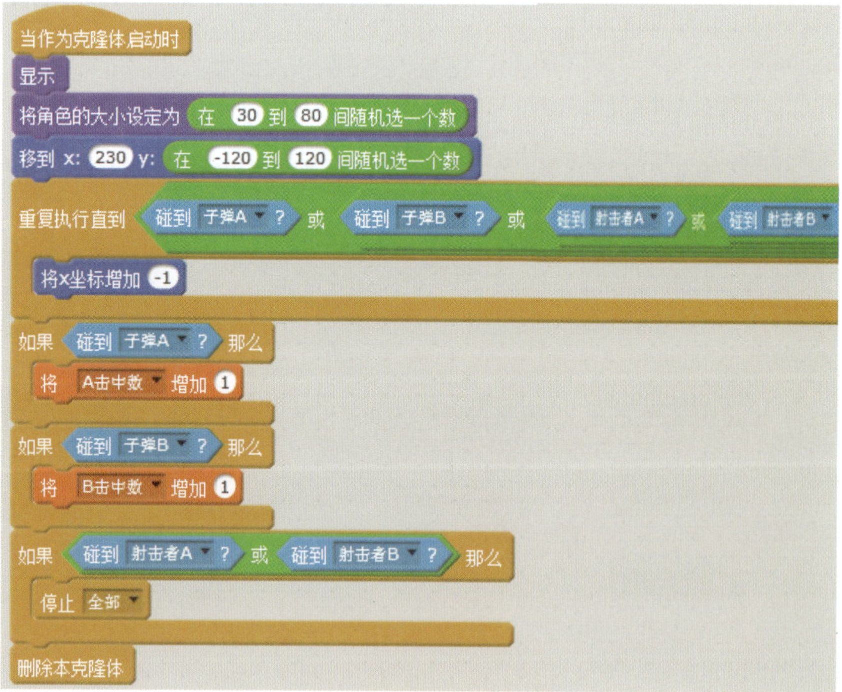

图3-32　僵尸移动

3.4.3 子弹射击僵尸

在《植物大战僵尸》游戏中，子弹跟随射击者移动，当侦测到空格键按下后，开始发射子弹，子弹重复向右移动，移动过程中只要碰到了僵尸或者舞台边缘，就终止移动，隐藏，并继续跟随射击者移动。在《双人射击比赛》游戏中，我们设计了子弹A和子弹B，它们分别跟随射击者A和射击者B，同时增加了调整射击者方向的功能，所以子弹在发射时所面向的方向要和各自的射击者方向一致。

① 射击者移动

1）算法分析

两名射击者出现后，用户可以控制其上移、下移以及方向调整。射击者A的移动范围是舞台上半部分，控制键是：W键控制上移，S键控制下移，A键控制子弹左旋，B键控制子弹右旋。同理，射击者B的移动范围是舞台下半部分，控制键是：上移键控制上移，下移键控制下移，左移键控制左旋，右移键控制右旋。注意，对于射击者A来讲，移动范围是舞台上半部分，所以不能无限制地下移，因此需要在按下S键准备下移时判断当前的y坐标是否大于0，如果大于0，才可以下移，否则提示"越界"。同理，对于射击者B来讲，因为其移动范围是舞台下半部分，所以当按下向上方向键，准备上移时，需要判断其当前的y坐标是否小于0，如果小于0，才可以上移。该算法对应的流程图如图3-33所示。

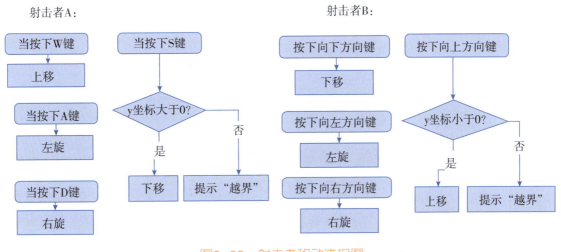

图3-33　射击者移动流程图

2）编程实现

射击者A和射击者B移动的脚本如图3-34（a）和图3-34（b）所示。

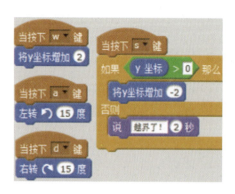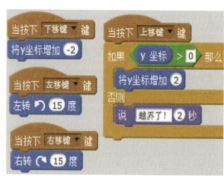

（a）射击者A脚本　　　　　　　　（b）射击者B脚本

图3-34　射击者脚本

3）调试程序

运行程序，按键来控制两个射击者，试一下是否和预想的结果一致，或者是否有新的问题产生，只要有疑问，都不要放弃或躲避，正是因为有一些小问题，才更能加深我们对程序或者逻辑的再理解。把问题一个一个解决掉，最终的程序才能完美运行。

相信你已经发现新的问题了：射击者的方向调整后无法恢复，为了让射击者能在发射完子弹后恢复到向右方向，需要对脚本进行修改。一是当背景切换到背景2时，让其面向90°；二是当子弹发射完（即隐藏）后，再让其面向90°。显然，这里需要在子弹和射击者两个角色之间通信，可以使用广播来实现。这部分修改后的脚本在子弹发射部分显示。

② 子弹发射

1）算法分析

以子弹A为例，当背景切换到背景2时，子弹不断跟随射击者A，此时当按下Q键时，子弹取得此时射击者A的方向，作为自己的移动方向。在移动过程中，如果碰到了僵尸或者是舞台边缘，那么子弹隐藏，并且发送广播"A恢复方向"，当射击者A收到该广播时，就面向90°。对应的流程图如图3-35所示。子弹B脚本同理，把其中的"移到射击者A"换成"移到射击者B"，按键q换成按键"空格"，"和射击者A朝向一致"换成"和射击者B朝向一致"，最后发送广播"B恢复方向"。

子弹A：

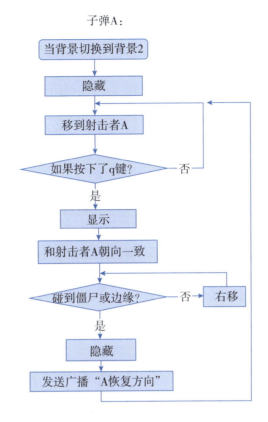

图3-35　子弹A发射流程图

2）编程实现

根据子弹A发射的流程图，对应的程序脚本如图3-36所示。在"面向方向"指令里，先用"侦测"模块下的"方向对于射击者A"指令取得了当前射击者A的方向，之后该值作为子弹A面向的方向。图3-37是子弹B发射的脚本，以及射击者A和射击者B在切换到背景2时和接收到广播时的方向设置。

3）调试程序

邀请你的同伴或者家人，一起来运行程序，测试一下子弹能否发射，发射后碰到僵尸时，A击中数和B击中数变量是否改变了？（可以把这两个变量在舞台上显示出来）有时候需要测试多遍，才可能发现问

图3-36　子弹A发射脚本

题，加油！图3-38是到目前为止游戏的界面。

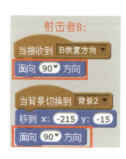

图3-37　子弹B发射和两名射击者方向设置

图3-38　游戏界面

3.4.4　公布游戏结果

① 统计结果

1）算法分析

程序终止后，裁判员要公布比赛结果。需要显示并比较射击者A和射击者B各自击中的僵尸数量，从而决出优胜者。除了各自击中的僵尸数量，还可以把游戏中一共出现的僵尸数量、两名射击者一共击中的僵尸数量显示出来。对应的流程图如图3-39所示。

裁判员：

```
            ┌─────────────┐
            │     显示      │
            └─────────────┘
                   │
            ┌─────────────┐
            │  说明出现的僵尸总数  │
            └─────────────┘
                   │
            ┌─────────────┐
            │  说明击中的僵尸总数  │
            └─────────────┘
                   │
          ◇ A击中数>B击中数? ◇
            是│            否│
   ┌──────────────┐    ◇ A击中数>B击中数? ◇
   │  射击者A是获胜者  │      是│          否│
   └──────────────┘  ┌──────────┐  ┌──────────────┐
                     │ 均为获胜者  │  │  射击者B是获胜者  │
                     └──────────┘  └──────────────┘
```

图3-39 统计比赛结果

2）编程实现

根据算法分析，将统计比赛结果的脚本封装成过程，名称为"比赛结果"。在游戏中，什么时候需要调用该过程来统计比赛结果呢？显然是当游戏结束的时候。根据前期项目总体设计，该游戏在两种情况下会结束，一是僵尸碰到了射击者A或者射击者B，二是当倒计时结束时。对应的脚本如图3-40所示。

图3-41列出了当僵尸碰到射击者时，由原来的"停止全部"指令修改为了"统计结果并结束"。当僵尸接收到该广播时，停止本角色的其他脚本，即僵尸不再克隆；当裁判员接收到该广播时，则调用"比赛结果"过程，之后停止全部，结束游戏。

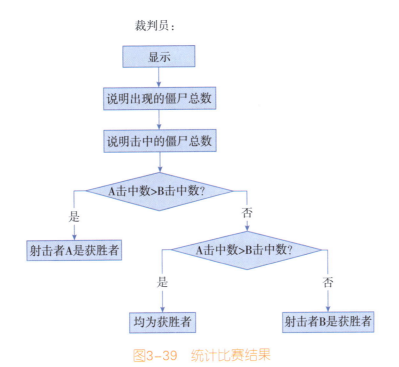

图3-40 统计结果脚本

运行程序，目前的效果是：当子弹碰到僵尸后，击中的分数在改变，但是子弹并不隐藏。原因是脚本执行速度不一样，僵尸碰到子弹后，僵尸立刻消失，导致子弹检测时却检测不到碰到僵尸，所以在编程时可以让僵尸等待一段时间再消失，如图3-42所示，让克隆体删除之前等待0.5秒，以便子弹能检测到碰到僵尸。

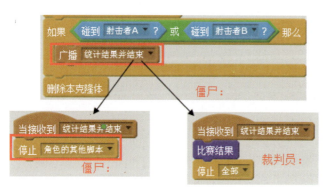

图3-41　调用过程　　　　　　　　　　图3-42　调整等待时间，让子弹隐藏

② 倒计时功能

1）算法分析

裁判员在游戏开始前，可以询问玩家设置游戏的时间，可以以"分"为单位，程序用变量记住这个时间后，将其转换成秒数。然后使用"事件"模块中的"当计时器大于1"，来让计时变量每次减少1秒。等到计时变量值为0时，调用"统计结果"过程，等待一会儿就停止全部。流程图如图3-43所示。

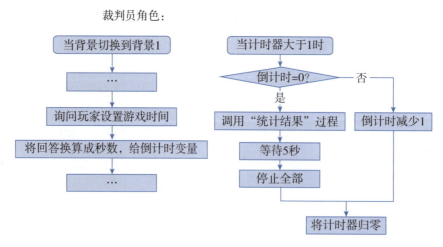

图3-43　倒计时功能流程图

2）编程实现

依据该流程图，给裁判添加对应的程序脚本如图3-44所示。注意，需要将计时器及时归零。

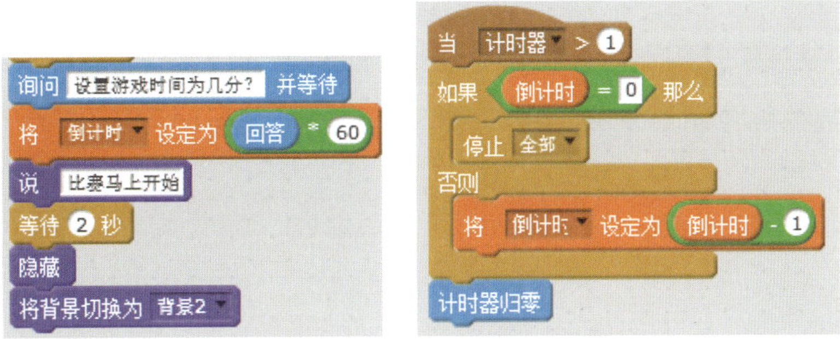

图3-44 倒计时程序脚本

3）调试程序

运行程序，把"倒计时"变量显示在舞台上，观看倒计时变量的值，该值是否是每秒减少一次呢？如果是，则说明倒计时功能实现。再仔细观察，有没有遇到新的问题呢？是不是倒计时变量的值在背景1显示的时候就开始减少了呢？按照程序逻辑，应该是当指令"将背景切换为背景2"时开始计时。

因此需要建立一个标志性变量——"开始计时"，初值为0，在裁判员宣布比赛开始并且背景切换到背景2时，再将其改变为1。当计时器事件开始时，需要先判断"开始计时"变量的值，如果是1，那么才开始进行倒计时。程序脚本如图3-45所示。

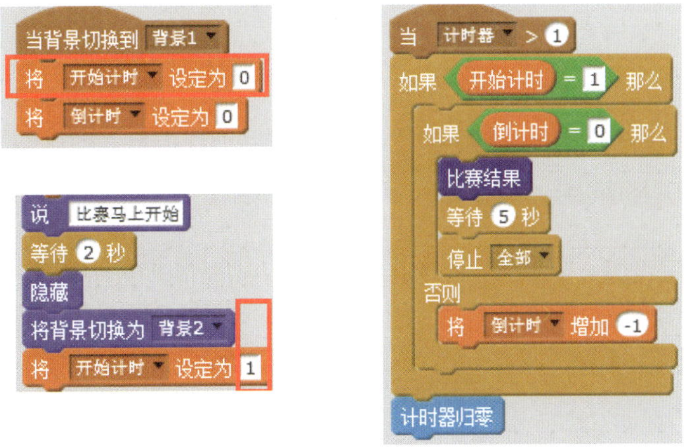

图3-45 用变量控制计时器何时开始起作用

运行程序，观察这个问题是不是解决了。在编程时，经常会用变量来标记状态，实现程序之间信息传递的功能。如果仔细观察会发现，这个程序还是有些漏洞，在游戏准备阶段就把结果显示了出来，原因在哪里呢？因为倒计时变量初值设置为了0，恰好满足了"当计时器大于1"事件中的条件（倒计时=0），因此调用了"比赛结果"过程，所以，在背景切换到背景1时，将指令"将倒计时设定为0"删除，让倒计时的值为"回答*60"即可。另外，考虑程序的健壮性问题，需要避免玩家倒计时输入为0或不输入，可以在程序中给用户提示，自己尝试一下吧！

3.4.5　功能完善

到现在为止，程序的主要功能都实现了，但还需要多次运行程序，查找其中不完善的地方。测试时，为了节省时间，可以把比赛时间设置得少一些，比如输入0.5，即30秒。

每次试运行程序，都会发现这样那样的问题，建议手头放一个本子，及时记录，以免忘记。比如，倒计时结束后，在裁判员显示比赛结果的时候，僵尸还在行进，这时需要给僵尸结束行进的条件中增加"判断倒计时时间是否为0"。再如，程序中的哪些变量该显示，哪些该隐藏，等等，类似小问题都需要完善。

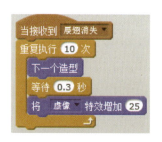

图3-46　动画及虚像消失

除此之外，为了增加视觉效果，可能还需要补充其他脚本。比如，裁判鸽子在宣布比赛开始的时候，可以展翅并逐渐消失，或者加上其他特效，如图3-46所示。

再比如，还可以为游戏增加音效，可以播放和关闭音乐。还记得我们在迷宫游戏中只实现了单击角色关闭音乐的功能吗？如果想再次单击该角色又响起音乐，可以运用前面学习到的知识，你能否实现呢？显然，让一个角色有开和关的效果，可以建立一个标记变量来判断吗？我们尝试一下。从角色库里添加音箱，将原来的造型命名为"开"，再复制一个新的造型，修改一下，命名为"关"，如图3-47所示。对应的脚本如图3-48所示，这里建立了"播放音乐"过程，建立了标志变量——"声音控制"，通过其值的不同来对音乐进行开和关。

图3-47　开和关造型

图3-48　音乐开和关脚本

把程序调试好后，别忘了到官网分享一下哟！

3.5　本章小结

　　在这个项目中，我们通过《植物大战僵尸》游戏，学习了逻辑运算中的"非、与、或"的含义，实现了僵尸克隆、进攻以及发射子弹的功能，学习了程序调试的方法。《双人射击比赛》游戏的功能稍微复杂一些，两个玩家在各自按键的控制下，击中僵尸，统计各自的击中数量。相信通过这两个游戏的制作，你的编程能力又得到了提升！

　　与射击游戏类似的还有一款《小猫钓鱼》游戏，小猫将鱼竿对准鱼的方向，抛出长线，当鱼钩碰到鱼的时候，得分就增加。这里我们可以调整鱼竿方向（射击方向），可以判断鱼钩是否碰到鱼，从而改变得分，等等。这个游戏中的关键问题是：如何抛出长线？鱼的位置不同，离鱼竿的位置不同，发射点和目标点之间的距离不确定，这条"线"显然不是预先画好的，而是根据实际情况临时画出来的。Scratch的"画笔"模块下的指令可以帮助我们绘制各种图形。从下一个项目开始，我们来体验这一奇妙的功能吧！

项目4 涂鸦世界

4.1 导入项目：小猫钓鱼

4.1.1 需求分析

大家听过《小猫钓鱼》的故事吗？故事是这样的：猫妈妈带着小猫在河边钓鱼。一只蜻蜓飞来了，小猫看见了，就去捉蜻蜓。蜻蜓飞走了，小猫空着手回到河边，看见妈妈钓到了一条大鱼。一只蝴蝶飞来了，小猫看见了，又去捉蝴蝶。蝴蝶飞走了，小猫还是空着手回到河边，看见妈妈又钓着了一条大鱼。小猫说："真气人！我怎么一条小鱼也钓不着？"猫妈妈看了看小猫说："钓鱼就钓鱼，不要一会儿捉蜻蜓，一会儿捉蝴蝶。三心二意，怎么能钓到鱼呢？

这个故事告诉我们：做事要专心致志，不能三心二意，否则一事无成。

下面开发一款简单《小猫钓鱼》游戏，游戏里的小猫可是在专心致志地钓鱼哟！

① 功能描述

时间：任意

地点：河边

人物：小猫

起因：储备食物。

经过：小猫在岸边专心钓鱼，水下有成群的鱼儿游来游去，这些鱼儿有大有小，各种种类，随机出现。小猫瞄准鱼儿后，伸长鱼竿。

结果：当鱼竿碰到鱼儿后，这条鱼儿消失，分数增加，鱼竿收回，继续钓鱼。

界面如图4-1所示。

图4-1 《小猫钓鱼》游戏

②　词性分析

1）找名词和动词，确定角色和行为

根据功能描述，找到的名词有小猫、岸边、海底、鱼儿、鱼竿。找到的动词有：钓鱼、游来游去、瞄准、伸长、碰到、收回。尝试为这些动词找主语，比如，小猫钓鱼、瞄准，鱼竿伸长、碰到、收回，鱼儿游来游去、消失。因此，需要作为游戏角色的是小猫、鱼儿、鱼竿，因为它们都需要有执行的动作。像岸边、海底等，则可以通过背景来体现。

2）找数据和关系，确定变量和逻辑

根据功能描述，与数据有关的是：成群、有大有小、随机、分数，其中"分数"需要存储，因此建立"分数"变量。跟逻辑有关的是：条件结构（比如，如果鱼竿碰到鱼儿，鱼儿消失，分数增加）、循环结构（比如，鱼儿游来游去；鱼竿收回后，继续钓鱼）。角色之间的关系是：当鱼竿碰到鱼儿后，自身收回，并且这条鱼儿要消失。所以，鱼竿和鱼儿角色之间要使用广播。

4.1.2　总体设计

根据需求分析的结果，可以利用思维导图工具画出角色行为设计图，如图4-2所示。

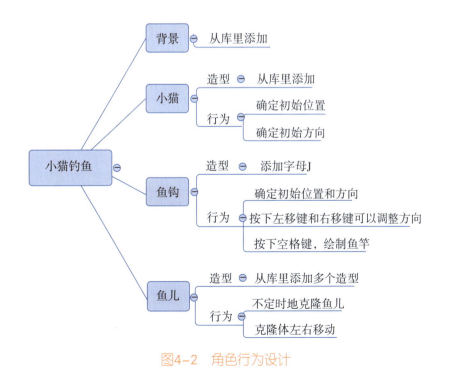

图4-2　角色行为设计

4.1.3 新知识学习

这款游戏的难点在于如何让鱼竿伸长，以便鱼钩能碰到鱼儿。因为不同鱼儿离小猫的距离及角度不是固定的，所以鱼竿长度不可能预先设置好，只能想办法在程序中动态设置。为此找到的办法是：使用"画笔"模块下的指令，在鱼钩起点位置顺着发射方向绘制线段即可。

有关画笔的指令如图4-3所示。展开"画笔"模块，指令分为4组。一组是关键指令，和我们平时写字一样，在画线之前要先"落笔"，之后角色移动时就会将其运动轨迹画出来；如果绘制结束，就"抬笔"；如果对绘制的整个内容不满意，可以"清空"；当然，如果希望能绘制多个角色造型，也可以将其用"图章"复制很多个，就像在纸上盖印章一样。

图4-3 画笔相关指令

其他3组指令分别是设置画笔的颜色、亮度和粗细，可以设定为具体的数值（绝对设置），也可以在现在的基础上增加具体的数值（相对设置）；颜色的设定除了可以设置具体数值外，也可以现场取颜色。

练 习

小猫沿着上下左右4个方向行走，绘制出其运动轨迹。参考脚本如图4-4所示。

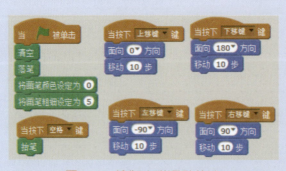

图4-4 绘制小猫运动轨迹

运行程序，只要让角色在移动之前"落笔"，就可以把运动过程描绘出来。下面就来编程实现《小猫钓鱼》中鱼竿变长的功能吧。

4.1.4　编程实现

① 准备角色造型

1）修改小猫造型

打开小猫造型的绘图编辑器，在"手"的位置绘制一条线段，相当于手里拿着鱼竿的一部分，目的是和后面的鱼钩角色对接。在绿旗单击事件里，确定小猫的起始位置和面向方向，如图4-5所示。

1. 准备角色造型

图4-5　小猫初始化

2）绘制鱼钩造型

字母"J"是不是很像鱼钩呢？我们添加角色库中的"J"字母作为角色，将其造型里的方向旋转到朝右，单击绘图编辑器右上方的"+"，将造型中心点设置在字母的最左侧。为什么需要将"J"字母的初始方向设置为横向朝右呢？打开Scratch角色库，会发现所有造型的初始朝向默认都是右侧，再看每个角色的"动作"脚本里，默认方向面向90°，也是朝右，这样可以保证指令中的方向与实际的造型方向一致。如图4-6所示，面向90°时，小猫和鱼钩均朝右，当面向120°时，两者都朝向右下方。

图4-6　鱼钩造型方向设置

之后根据舞台上小猫的位置，将鱼钩拖放到合适的位置后，从"动作"模块下把此时的"移到x，y"指令拖到脚本区，并加上左转和右转事件，如图4-7所示。

图4-7　鱼钩初始化

② 多条鱼儿随机移动

添加一个鱼儿角色，并且给鱼儿添加多个造型作为多样种类。如何编程实现多只鱼儿出现呢？与项目3中的《双人射击比赛》中克隆僵尸一样，这里也可以克隆鱼儿，并让克隆体随机位置、随机大小、随机造型出现和移动。当鱼钩碰到鱼儿或者鱼儿克隆体碰到鱼钩时，鱼儿将不再移动，并删除克隆体，分数增加，参考脚本如图4-8所示。

2. 鱼儿随机移动

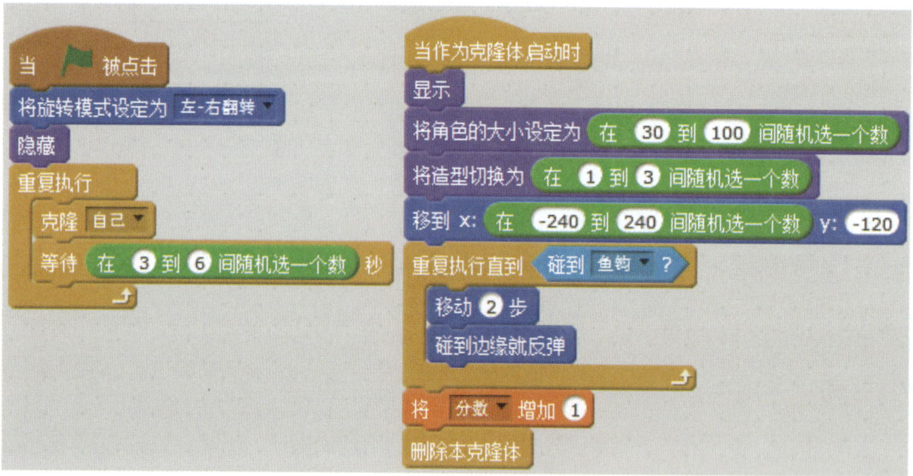

图4-8　多条鱼儿随机移动

运行程序，看是否有多条大小不一、种类多样的鱼儿游来游去。

③ 鱼竿变长和缩短

调整好鱼钩的方向后，当按下空格键，就让鱼钩沿着设置好的方向移动（射出），并使用画笔绘制其运动轨迹。在鱼钩运动的过程中，可能会碰到舞台边缘或者碰到鱼儿，这时移动都停止，并且收回鱼竿，即清空画笔绘制的痕

3. 鱼竿变长和缩短

迹，抬笔，回到起点。参考脚本如图4-9所示。

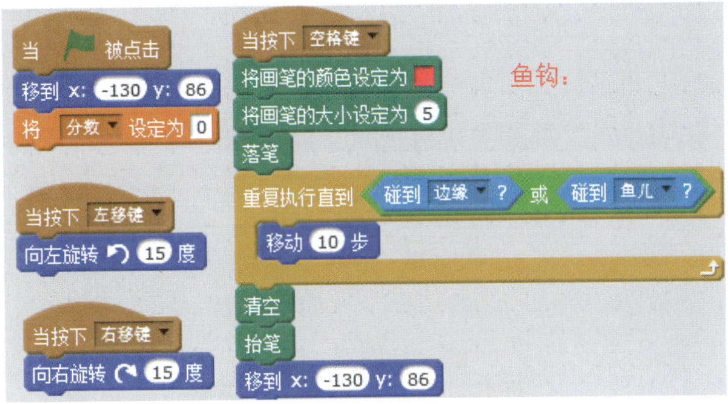

图4-9　鱼竿变长和缩短

运行程序，验证一下鱼竿能否绘制出来呢？当鱼钩碰到鱼儿或边缘的时候，鱼竿能收回吗？测试的结果是：鱼竿可以绘制，当鱼钩碰到舞台边缘时，可以收回鱼竿。但如果碰到鱼儿，鱼钩似乎无视鱼儿的存在仍然直达舞台边缘后才收回。鱼钩明明碰到了鱼儿却为什么视而不见呢？显然，这个问题与项目3《双人射击比赛》游戏中的子弹碰到僵尸不消失类似，只需要让鱼儿在删除克隆体前，稍微等待一会儿，比如0.2秒，让鱼钩能检测到碰到鱼儿即可。如图4-10所示。

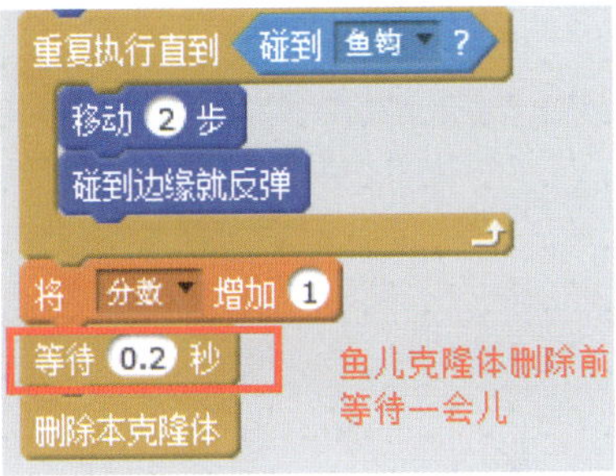

图4-10　鱼儿等待

在《小猫钓鱼》游戏中，我们使用"画笔"来绘制鱼竿，实现了鱼竿变长的功能。实际上，用"画笔"工具还可以实现更多的功能，比如，画点、画线、随意涂鸦等，也可以绘制三角形、正方形等一些规则图形，还可以绘制一些经典的数学曲线，甚至是绘制五彩花朵……下面让我们一起来走进Scratch的画笔世界！

4.2　绘制点和线

点和线作为图形中基本的元素，在Scratch中如何编程绘制呢？对于点，只需要在鼠标按下的位置绘制即可；对于线段，则需要记住起点和终点，在两点之间画线。绘制之前，可以先设定画笔的颜色。

4.2.1 画笔颜色约定

① 色相环

如图4-11所示，是从网络下载的色相环图片。色相即各类色彩，奥斯特瓦尔德颜色系统包含黄、橙、红、紫、蓝、蓝绿、绿、黄绿8个主要色相，每个基本色相又分为3个部分，组成24个分割的色相环。当然，在相邻的颜色之间还可以有更多混合后的颜色。

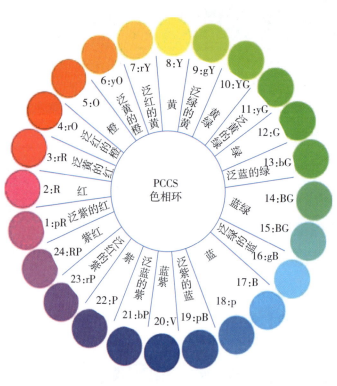

图4-11　24色相环

② 颜色数值范围

在"画笔"模块下，可以通过取色或者输入数值来控制画笔的颜色。如果输入数值，那么其颜色的取值范围是多少呢？每个数值都代表什么颜色呢？我们在小猫钓鱼程序的基础上，尝试先让设置颜色指令的值为0，发现此时绘制的鱼竿是红色；修改这个值，绘制的图形颜色会有所不同。最大值是多少呢？发现当输入190以上时，绘制的鱼竿又接近于红色。输入300、400等，依然是红色。

按照24色环，如果每个相邻颜色再细分为8个，24×8=192，Scratch颜色是不是遵照这个规律的呢？为了验证这个假设，我们尝试利用颜色指令来编程绘制色相环，绘制后的结果如图4-12所示。观察两幅图，可以得出结论，Scratch中对于颜色数值的约定是符合24色相规律的，具体是：最小值为0，代表红色；最大值为191，代表紫色系列最后的一个颜色，接近于红色。

图4-12　Scratch绘制色相环

③ 绘制色相环

绘制色相环脚本如图4-13所示。

4. 绘制色相环

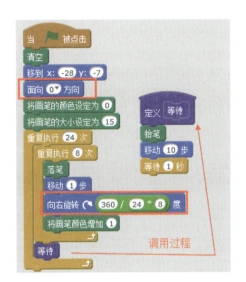

图4-13　绘制色相环脚本

首先让角色方向朝上，设置画笔的颜色从0开始，画笔大小设置为15（最小为0，最大为255）。然后开始双层循环，内层循环重复8次，每次落笔，绘制1步距离，向右旋转角度，下一次颜色增加1。内层循环执行完后，就抬笔并移动10步后，再来重复外层的第二次循环。这样就会绘制24个小段的弧线。

> **注意** 这里旋转的角度是计算出来的。因为最终我们希望画一个圆形，所以角色旋转一周的角度一共是360°，那么双层循环后，旋转的指令其实一共执行了24×8次，所以每次旋转的角度就是360/（24×8）。

4.2.2　绘制点

①　绘制点

从角色库中添加一个"铅笔"角色，设置其造型中心点在笔尖处，并将其缩小到合适的大小。编写程序，让笔跟随鼠标移动，当鼠标按下的时候就绘制出点。这里需让笔重复跟随鼠标移动，同时侦测鼠标是否按下，如果按下，就落笔，否则抬起笔。脚本如图4-14所示。

运行程序，角色跟随鼠标移动，当按下鼠标，就会在当前位置画点。仔细观察，有没有新的问题出现呢？比如，当单击绿旗时，是不是也在附近绘制了一个点呢？这是为什么呢？因为单击绿旗时，我们按下了鼠标，程序认为符合"下移鼠标"，所以就绘制了一个点。如果不想在这里绘制，那可以添加"等待1秒"指令，这样就可以延缓检测"下移鼠标"的时间了。此外，还可以设置点的颜色和大小，如图4-15所示。

图4-14　绘制点

图4-15　绘制点的颜色和大小

②　随意涂鸦

当单击鼠标时，可以在不同位置绘制圆点；当拖动鼠标时，是不是可以画出鼠标的移动轨迹呢？如果能让玩家随时设置笔的粗细和颜色，就实现了简单的涂鸦功能。

1）设置颜色和粗细

建立"颜色"和"粗细"两个变量，将鼠标指针移动到舞台的变量上，右击，选择"滑杆"方式，设置最小值和最大值后，在程序中就可以拖动滑杆改变数值了，如图4-16所示。画笔粗细的取值范围是1~255，画笔颜色的取值范围为0~191，因此，可以给"粗细"和"颜色"两个变量的滑杆范围分别设置为1~255和0~191。

图4-16 设置变量滑杆调整方式

在编程时就可以使用变量来设置画笔的颜色和粗细，如图4-17所示。

运行程序，切换到全屏模式，按下鼠标绘制，或者改变画笔的粗细和颜色，可以尽情地涂鸦。当然，这个程序还有不完美的地方，比如，我们本来想去调整滑杆的数值（按下鼠标），结果程序侦测到此时按下了鼠标，于是在此处画出了点。同理为了解决这个问题，可以设置等待时间延缓，或者可以限制在某个区域内鼠标按下才起作用。

5. 随意涂鸦

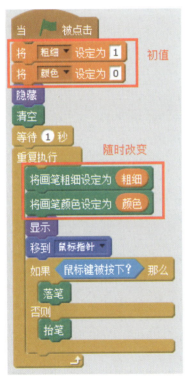

图4-17 涂鸦

2）设置涂鸦区域

具体方法为：把鼠标指针移动到屏幕左上角滑杆右侧位置，此时舞台右下角显示x坐标值

（比如，–150），同理，再把鼠标指针移动到滑杆下方位置，观察此时的y坐标值（比如，106），也就是说，当鼠标x坐标值大于–150并且y坐标值小于106时，才允许绘制图形。鼠标的x坐标和y坐标在"侦测"模块里，修改后的部分脚本如图4–18所示。

图4–18　限定在某个区域内

4.2.3　绘制线段

打开"绘制点"的文件，复制铅笔角色，产生新角色，将角色名称修改为"绘制线段"，可以在现有基础上修改程序。

一个线段有起点和终点，第一次单击鼠标时的位置是线段的起点，在另一个位置再单击，此位置是线段的终点，画笔会在两点之间绘制出一条线段。那么，计算机如何知道单击鼠标时是起点还是终点呢？这里需要定义一个变量：次数，因为该变量只需在绘制线段角色中使用，所以建议为局部变量即可。当程序开始运行时，可以让其为1。当侦测到鼠标键被按下且该值为1时，表示此时是起点，铅笔角色跟随鼠标指针，然后将次数设置为2；当侦测到鼠标键被按下且次数变量值为2时，意味着此时是终点，那么就可以落笔，从起点位置滑行到此时的坐标位置，即绘制出一条线段。程序部分脚本如图4–19所示。

运行程序，观察结果：第一次单击鼠标，笔跟随到此处，在另一个位置单击后，两点间绘制了一条线段。之后，再单击，会接着绘制线段。因为次数变量一直都是2，所以一直都落笔绘制。如果希望绘制一条线段后能在另一个位置重新确定起点和终点，就需要能让次数变量回到1，因此，可以增加"空格按下"事件，抬笔，并让次数变量设定为1。再运行一下程序，现在的程序是不是接近完美了呢？

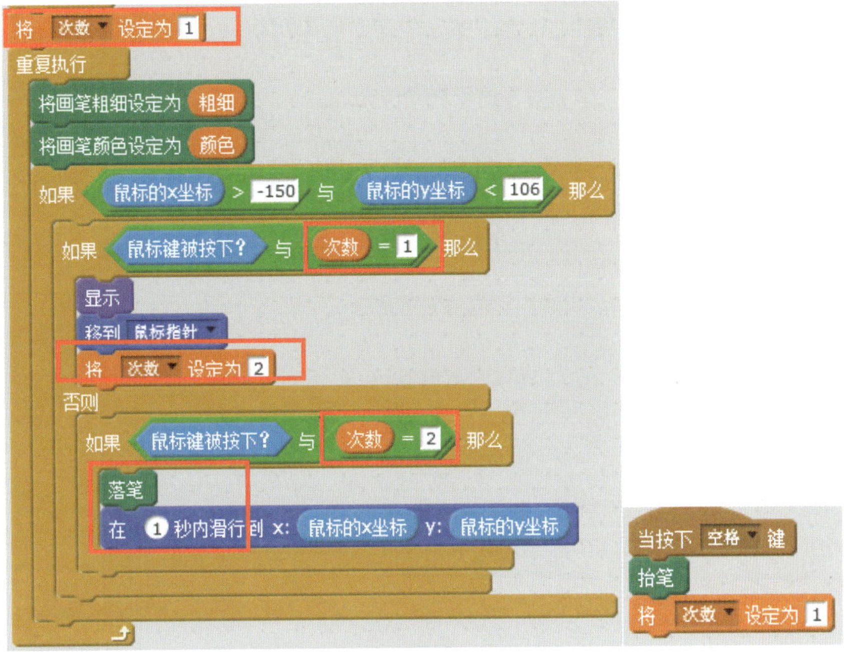

图4-19 绘制线段部分脚本

4.2.4 橡皮擦除

在Scratch的"画笔"模块中，有关清除的指令只有一个，即全部清空。但如果想实现橡皮擦功能，即清除部分图形的话，可以通过编程来实现。所谓橡皮擦，其实本身也是在绘制涂鸦，只不过涂鸦的颜色和背景一样，所以看起来起到了擦除的效果。

① 算法分析

添加橡皮擦角色，当单击绿旗时，角色在起始位置。当角色被单击时，跟随鼠标移动。当按下鼠标时，画笔颜色设置为背景色，设置好粗细后，落笔。由于在铅笔角色里也有当按下鼠标时落笔，因此需要建立一个变量来将这两种情况区分开。新建全局变量"橡皮"，初值设置为0。当鼠标按下并且该变量为0时，让铅笔角色来绘制；当鼠标按下且"橡皮"变量为1时，让橡皮角色来绘制。当按下空格键时，橡皮停止跟踪，回到起始位置。

此外，当橡皮角色被单击时，发送广播让铅笔隐藏，此时看到的只有橡皮在跟随鼠标移动；按下空格键后取消橡皮跟踪，发送广播让铅笔显示。该算法对应的流程图如图4-20所示。

橡皮角色：

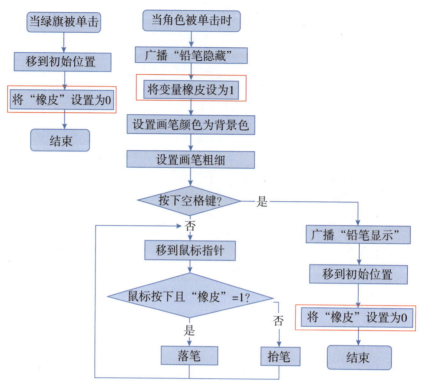

图4-20　橡皮功能流程图

② **编程实现**

橡皮角色和铅笔角色上的脚本如图4-21和图4-22所示。

图4-21　橡皮角色上的程序脚本　　　图4-22　铅笔角色上部分程序脚本

将舞台切换到大屏幕模式（在该模式下拖动鼠标能很容易地看到涂鸦的轨迹），运行程序，选择合适的颜色和笔的粗细后，按下鼠标并拖动，开始涂鸦。松开鼠标，涂鸦结束。当单击橡皮擦时，橡皮擦跟随鼠标移动，按下鼠标并拖动，所到之处便绘制了与背景相同颜色的线条，起到了擦除的作用。该程序角色列表和运行界面如图4-23所示。

图4-23　角色列表与界面

4.3　绘制数学图形

4.3.1　有关图形的知识

现实生活中的各种物品，都有一定的形状，比如家里的窗户、门是长方形的，花盆顶部边缘、水杯边缘都是圆形的，金字塔、雨伞等都是三角形结构等，相信你还能举出很多的例子。这些能叫得上名字的图形在数学里称为"规则图形"，即有规律、有特征的图形。比如，三角形由3条边3个角组成……除了规则图形外，把没有规律的图形称为"不规则图形"。如图4-24所示，你能区分出哪些是规则图形吗？

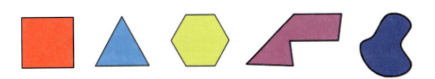

图4-24　各种图形

显然，前3个图形是规则图形，分别是正方形、正三角形和正六边形。正方形的特点是4条边长相等，4个角是90°，正三角形和正六边形的特点你能归纳出来吗？下面，详细介绍典型图形的绘制方法。

4.3.2 绘制规则图形

① 绘制正三角形

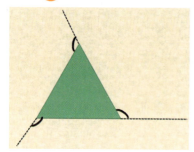

图4-25　剪刀旋转角

可以先在纸上用尺子和笔画出一个正三角形（等边三角形），然后用剪刀从一条边开始向前剪，当剪完一条边后，剪刀需要旋转一个角度，改变方向，继续向前移动；同理，再旋转角度，改变方向，继续向前移动。思考：剪刀旋转的角是哪一个？是三角形内部的角（内角）还是外部的角（外角）呢？显然是外角，如图4-25所示。那么每个外角是多少度呢？

三角形的内角之和是180°，可以通过实验得出结论，如图4-26所示，剪下一个三角形的3个角，将它们拼接组合在一起，就形成了一个平角，即180°。因为正三角形的3个角相等，所以每个角是60°。而因为内角和相邻外角组成了一个平角，所以每个外角是120°。明白了这个计算过程，其实就理解了绘制正三角形问题的算法，脚本如图4-27所示。

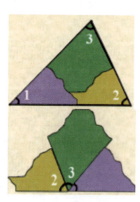

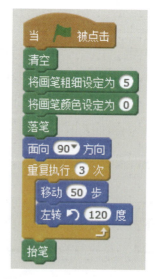

图4-26　三角形内角和　　　图4-27　绘制正三角形

绘制正方形

四边形是由两个三角形组成的，因此其内角和一共是2×180=360°。对于正方形，其4个角相等，因此每个角为90°，所以每个外角也是180−90=90°。如果用剪刀去剪，在拐弯的地方应该旋转90°。绘制正方形的脚本如图4−28所示。

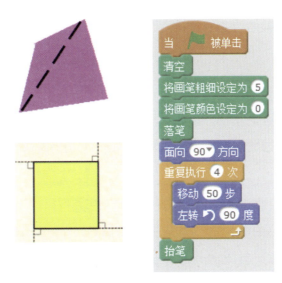

图4−28　绘制正方形

③ 绘制正五边形

在纸上画出一个五边形，看看五边形是由几个三角形组成的。如图4−29所示，由3个三角形组成，因此五边形的内角和是3×180=540°。正五边形的5个角相等，因此每个内角是540/5=108°，外角则是180−108=72°。绘制正五边形程序部分脚本如图4−29所示。

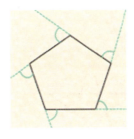

图4−29　绘制正五边形

4 绘制正多边形

6. 绘制正多边形

根据前面的学习，假如有一个n边形，你能算出其内角和是多少吗？是的，可以用通用公式（n-2）×180来表示。那么，如果该n边形是正n边形，其每个内角是多少度呢？显然是：（n-2）×180/n，其每个外角度数自然就是：180-（n-2）×180/n，该公式计算的结果是360/n。也就是说，对于任何一个多边形，其外角的总和都是360°。因为假设用剪刀沿着图形的外角剪完这个图形的话，其实相当于剪刀旋转了一周，即360°。因此，对于任何正多边形而言，其每个外角的度数是360/n。总结出了这一规律，会让上述绘制图形的程序变得更简洁更通用。如图4-30所示，通过"询问-回答"，由用户来确定绘制正多边形的边数。

图4-30 绘制正多边形和圆形

运行程序，输入不同的数值，看看是否画出了预想的图形。大胆尝试，将边数设置为20甚至更大的数，把移动的步数适当调小一点，观察画出了什么图形。是不是接近圆形呢？可以将圆形近似看作正多边形，边数越多，就越接近流畅的圆形。如图4-31所示，上方的圆形是在边长为20步的情况下，绘制正20边形的结果，下面的圆形是绘制正26边型的结果，显然下方的圆形边缘更圆滑一些。

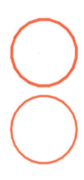

5 绘制正五角星

图4-31 两种圆形圆滑度比较

正五角星该如何绘制呢？可以从五角星到五边形入手去分析角与角之间的关系，最终得出结论：正五角星每个内角是36°。因此，每个外角是180°-36°=144°，对应的脚本如图4-32所示。

图4-32 绘制正五角星

4.3.3 绘制数学曲线

除了编程绘制各种规则图形外，还可以绘制各种数学曲线，例如正余弦函数曲线、指数函数曲线、桃心形曲线等。这些曲线都有对应的参数方程，所以，即使你还没学习到这些数学曲线也没关系，只要找到参数方程，再结合Scratch "运算"模块下的数学运算符，就可以表达其数学公式，再用画笔将其图形绘制出来。

① 绘制正弦曲线

在Scratch的 "运算"模块下，找到sin（x）函数，这里的x代表0～360°的角度值，其函数的运算结果赋给纵坐标y，让角度x从0°递增到360°，同时让x坐标不断增加。观察绘制的图形（坐标系背景可以从背景库中添加）。脚本如图4-33所示，建立了变量 "角度"。改变x坐标和角度增加的幅度，观察图形的变化。这里将y坐标对应的sin（角度）扩大了40倍，目的是让绘制的图形高度变化幅度大一些。

7. 绘制正弦曲线

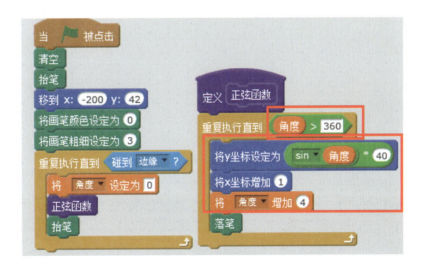

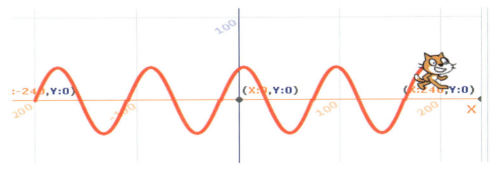

图4-33 绘制正弦波形图

8. 绘制随机路线

运行程序，尝试改变x坐标、角度的增幅，观察每次绘制的波形图有什么不同。总体来说，目前绘制出的图形是均匀的波形图。如果想绘制出不规则波形图，该怎么做呢？显然可以使用随机数让波形峰值有高有低、波形有陡坡和缓坡、水平跨度有宽有窄，等等。

② 绘制随机路线

在有些游戏（如赛车、跳跃类游戏）中，需要设置不同的路线，这种随机路线的产生有很多种方法，"绘制随机路线"是一种最轻便最灵活的方式。设置x幅度、y幅度、角度变量，通过随机数取值，最终绘制出随机路线，如图4-34（1）所示，程序脚本如图4-34（2）所示。

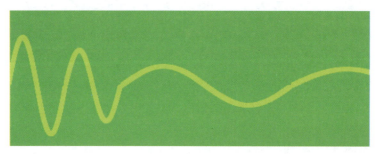

图4-34（1）　绘制随机波形图

图4-34（2）　绘制随机波形图程序脚本

运行程序，观察舞台上绘制出来的路线效果，是不是每次效果都不一样呢？试想：有一只青蛙，在这种随机路面上跳跃，路面能不断地自右向左移动，玩家可以控制让青蛙跳跃防止碰到路面，这样一款游戏是不是很好玩呢？在项目7的7.2节中就实现了这一功能。

其实，用Scratch还可以画出很多方程对应的曲线，只要找到对应的方程，求得x坐标和y坐标的值，就能用计算机图形来表达数学方程式。下面来尝试编程绘制出桃心形和蝴蝶形曲线。

③ 绘制桃心形曲线

1）找参数方程

在百度网站上搜索"桃心形"，找到其对应的参数方程，方程中表示出了x坐标和y坐标的对应关系。其中的t代表角度，取值范围为0～360。x坐标方程式中的系数16代表画出的桃心形水平宽度，值越大，桃心形会越"胖"；y坐标方程中的系数13，代表桃心形垂直高度，值越大，桃心形越"高"。可以改变这些系数来比较图形之间的差异。

$x = 16 * (\sin(t))^3$；

$y = 13 * \cos(t) - 5 * \cos(2 * t) - 2 * \cos(3 * t) - \cos(4 * t)$。

2）组合表达式

编程绘制数学曲线时，关键是把参数方程用Scratch运算符表达出来。首先，需要注意运算的优先级，即先算什么，再算什么。对于x坐标方程式，算式含义是：先将$\sin(t)$进行3次方运算，Scratch中没有指数次方运算，所以将其转化成3个$\sin(t)$相乘，最后再和16相乘。这里面用到了3个乘法运算式，表达式组合过程如图4-35（1）所示。

y坐标的方程式相对复杂一些，主要是4个项相减，因此需要3个减法运算式。第1项是13乘以$\cos(t)$，第2项是5乘以$\cos(2*t)$，第3项是2乘以$\cos(3*t)$，第4项是$\cos(4*t)$，表达式组合过程如图4-35（2）所示。

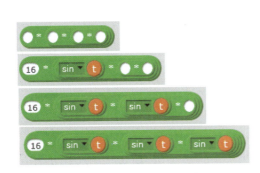

图4-35（1） 桃心形曲线x坐标表达式　　图4-35（2） 桃心形曲线y坐标表达式

3）编程实现

绘制桃心形曲线的程序脚本如图4-35（3）所示，该程序中建立了t、x、y一共3个变量，t变量表示角度，从0~360°变化。x和y分别代表横坐标和纵坐标。

运行这段程序，发现舞台上绘制了一个桃心形曲线，但是有些小。所以，可以对程序中的x坐标和y坐标进行放大处理，具体方法是：建立新的变量A，如设置为10，表示将x和y分别放大了10倍，再运行程序，观察图形变化。根据需要将A设置为不同的值，再观察图形。脚本如图4-35（4）所示。由于篇幅所限，两个程序截图中的x、y坐标公式均不完整，完整公式参考图4-35（1）和图4-35（2）。

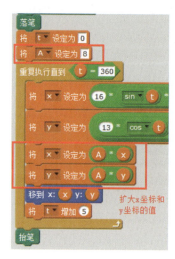

图4-35（3）　绘制一个桃心形曲线　　　图4-35（4）　绘制一个大的桃心形曲线

运行这段程序，绘制的是一个桃心形，如图4-36（1）所示。如果想绘制多个大小不一的桃心形，如图4-36（2）所示，则需要用循环。可以建立一个绘制桃心形的过程，传递参数A，调用一次过程就绘制一个桃心形，重复多次，让A值不断减小，画笔颜色改变，就会绘制多个不断缩小的桃心形，程序脚本如图4-36（3）所示。

图4-36（1）一个桃心形

图4-36（2）多个桃心形

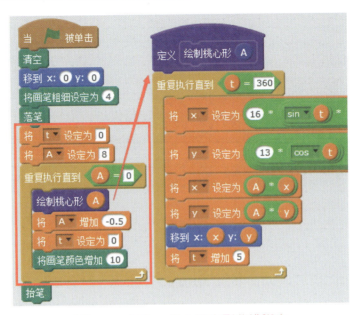

图4-36（3） 多个桃心形曲线脚本

④ **绘制蝴蝶曲线**

蝴蝶曲线是由数学家坎普尔·费伊发现的曲线，因其绘制的形状酷似蝴蝶而得名。

1）找参数方程

如图4-37（1）所示，其中t代表角度，取值范围是0～360。

$$x = \sin(t)\left(e^{\cos(t)} - 2\cos(4t) - \sin^5\left(\frac{t}{12}\right) \right)$$

$$y = \cos(t)\left(e^{\cos(t)} - 2\cos(4t) - \sin^5\left(\frac{t}{12}\right) \right)$$

图4-37（1） 蝴蝶曲线方程

2）组合表达式

观察x和y方程式，两者有一个共同项，该共同项乘以sin（t）得到x，乘以cos（t）得到y。共同项由3项相减组成，第1项是e的指数次幂运算，底数是e，指数是cos（t）；第2项是2乘以cos（4t）；第3项首先是将t除以12作为sin（ ）的参数，再求其5次方，即5个sin（t/12）连续相乘。该共同项表达式组合的过程如图4-37（2）所示。

10. 蝴蝶曲线表达式

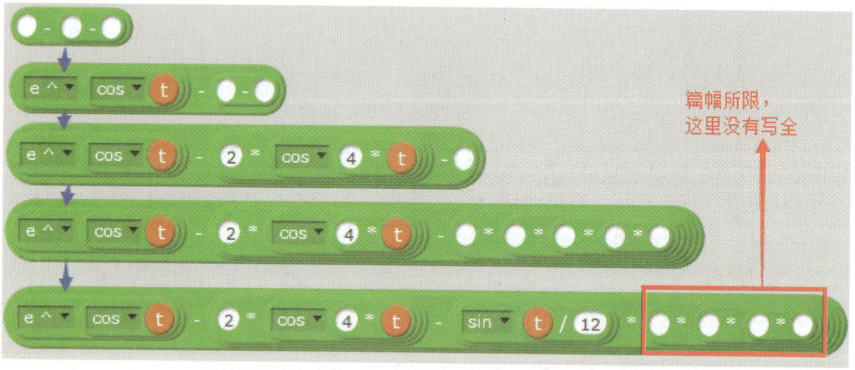

图4-37（2） 共同项表达式组合过程

3）编程实现

编程时可以用变量r代表共同项，然后通过r给变量x和y赋值。程序脚本如图4-37（3）所示。其中r变量取值的完整公式见图4-37（4）所示。为绘制单个蝴蝶曲线建立了过程，重复调用该过程，并传递不断减小的A值，使得绘制出来的蝴蝶曲线逐渐缩小，同时画笔颜色可以设置为递增或递减，也可以随机选择。

11. 绘制蝴蝶曲线

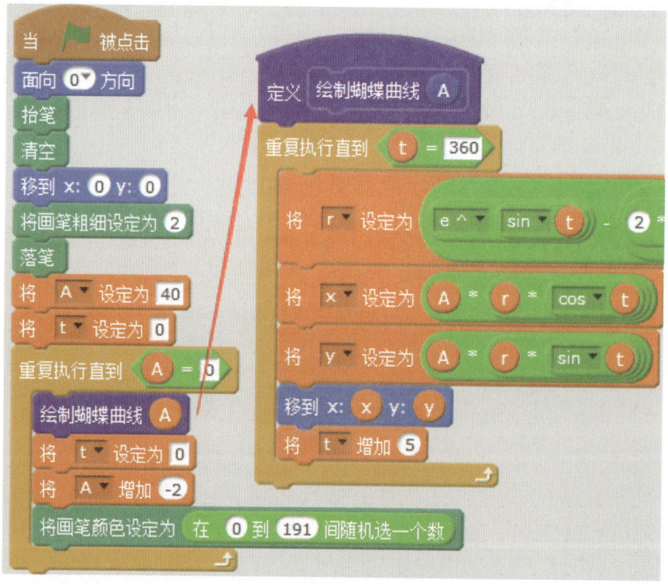

图4-37（3） 绘制蝴蝶曲线

图4-37（4） r变量取值的完整公式

绘制的结果如图4-37（5）所示。如果把程序中的x取值换成A*r*sin（t）、y取值换成A*r*cos（t），那么得到的蝴蝶形状便旋转了90°，如图4-37（6）所示。

图4-37（5）　五彩蝴蝶曲线　　　　　　图4-37（6）　五彩蝴蝶曲线旋转90°

同理，如果想绘制其他数学图形，也需要先找到其对应的参数方程，然后用Scratch的运算符将其组合成对应的表达式，给x坐标和y坐标赋值，最后再看看方程中变化的参数是哪一个，程序中让其不断地改变数值，最终就可以绘制出数学曲线。

4.4　绘制五彩花朵

还可以用Scratch编程绘制出漂亮的花朵，如图4-38所示。这样的花朵是如何编程实现的呢？仔细分析，花朵其实是由多个花瓣组成的，我们先来学习如何绘制一个花瓣。

图4-38　花朵样式

4.4.1　绘制花瓣

花瓣是由两条对称曲线组成，花瓣两端夹角代表其修长或是圆润。试想拿一把剪刀，从纸上把这个花瓣剪下来，需要哪些步骤呢？比如，从花瓣下面的曲线开始，首先剪刀放在起点，方向是沿着曲线的切线方向，剪刀一边左旋一边移动，到达弧的终点时，再旋转，然后依然是边左旋边移动，重复刚才的动作，直到回到起点，一个花瓣就绘制成功了。

如图4-39所示，小猫起初面向90°方向（朝右），假设每次向左旋转15°，重复8次后，到达对面，一共旋转了120°；然后向左旋转180°-120°=60°后，此时方向是朝左，与起始方向恰好相反，继续重复8次左旋，最后到达起点。

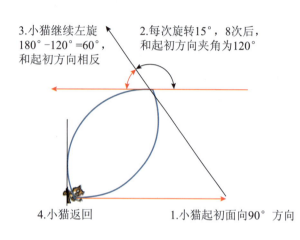

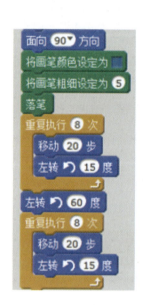

图4-39　绘制一个花瓣

运行程序，看是否能够绘制一个花瓣。从绘制过程看，关键是在第2步和第3步，找出小猫从起始位置到达花瓣另一端时究竟旋转多少度，还需要旋转多少度才能与起初方向相反。

4.4.2　绘制花朵

① 绘制花朵

一个花朵由几个花瓣组成呢？可以自己设定。显然，不同的花瓣数决定着花瓣与花瓣之间耦合的紧密度。以图4-40为例，当绘制完120°夹角的花瓣后，小猫返回时面向右下方。当要绘制第二个花瓣时，需要通过计算来确定小猫要旋转的角度，即下一个花瓣的起始方向。

1）旋转角度分析

比如，如果花朵由4个花瓣组成，那么每两个每花瓣绘制的起始方向夹角应该是360/4=90°，所以，小猫在绘制完第一个花瓣后需要先按照原来的方向（如向左）旋转180°–120°=60°（如果花瓣夹角是120°），回到原来的起始方向之后再左转或右转360°/4=90°；同理，如果花朵由3个花瓣组成，那么绘制完一个花瓣后，需要先按照原来的方向（如向左）旋转180°–120°=60°（如果花瓣夹角是120°），回到起始方向，之后再左转或右转360°/3=120°，继续绘制第二个花瓣。

理解了这个规律后，就可以用变量来构建通用表达式。比如，花朵由 n 个花瓣组成，每个花瓣的夹角为 m 度。如果起始面向90° 1，每次旋转幅度 y 为10°，那么画完花瓣的一个边需要循环 $m/10$ 次，小猫到达花瓣另一端 2，此时小猫需要旋转180–m 度，重复画花瓣的第二条边，即第二次循环后，小猫回到起点 3，并旋转180–m 度后，方向又回到起始方向，即朝右。如果花朵由 n 个花瓣组成，那么夹角为360°/n，如 $n=4$，则分析过程为 4。若 $n=3$，则分析过程为 5。所以，在画另一个花瓣时，直接左旋或右旋360°/n即可。

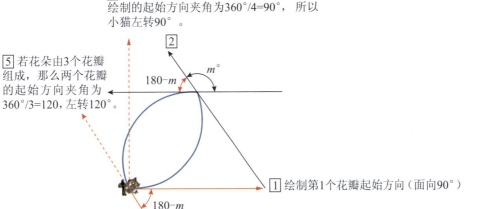

图4-40 绘制一个花瓣的过程

2）编程实现

程序如图4-41所示，建立了两个过程：一个是画花瓣，一个是画花朵（带参数），当系统询问画几个花瓣时，把"回答"的结果作为参数传给了画花朵函数中的"花瓣数量"。

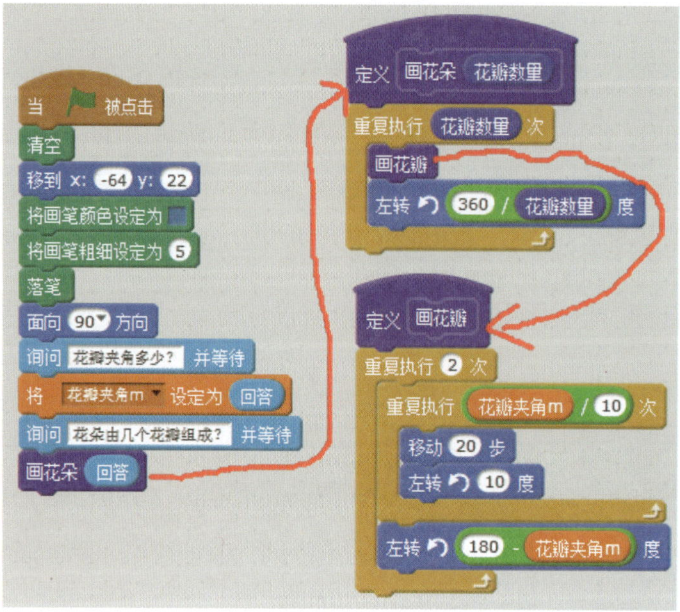

图4-41　绘制花朵

　　如果想绘制多个大小不一的花朵，可以建立"步长"变量，让该变量不断减小，直到为0，即到了花心位置，绘制完成。对应的脚本如图4-42所示，"画花瓣"过程的移动步数指令里增加了"步长"变量，"画花朵"过程中的指令不变，在调用过程"画花朵"时，增加了重复执行，直到步长为0，在重复步骤中，将步长增加-1。

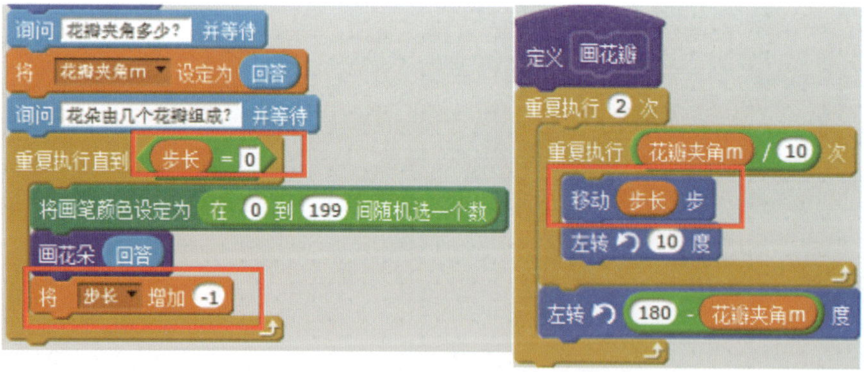

图4-42　绘制五彩花朵

　　设置不同的花瓣夹角、花瓣数量、线的粗细和颜色等，运行程序，观察舞台上绘制出来的各种花朵，是不是很有成就感呢？加油！

② 图章复制

在"画笔"模块中，"图章"指令的功能更强大。它可以把任何造型图案在舞台上复制出来。如图4-43所示，在小猫角色上编写脚本，可以在随机位置上复制无数个小猫造型。

图4-43　在随机位置使用"图章"

将小猫的造型中心点移到左下角，编写脚本如图4-44所示，运行程序，舞台上出现了几只小猫？这些小猫是不是围绕成了一个圆形呢？如果把小猫换成花瓣，将花瓣中心点也调整到下方，是不是也可以绘制出漂亮的花朵呢？还可以使用其他造型，使用"图章"绘制出更奇妙的图案。

12. 用图章绘制花朵

图4-44　使用图章绘制花朵

③ 保存花朵

如果希望把绘制的图形保存下来，可以把鼠标指针移动到舞台上，右击，选择save picture of stage命令把舞台图片保存下来，默认的文件名是stage.png。可以用Photoshop软件打开，对其抠图，最后将无背景图的花朵保存下来，将其插入到Word或者PowerPoint中使用，如图4-45所示。

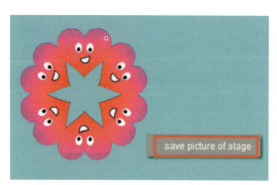

图4-45　处理和保存花朵

4.5　本章小结

　　在玩过的游戏中，经常有跳跃类游戏，比如，青蛙蹦蹦跳、跳跃的篮球等。如图4-46所示。角色可以起跳、下落，玩家控制角色跳起不碰到地面。为了有逼真的效果，通常会让路面左右滚动，这有多种实现方法，其中之一就是用画笔绘制动态变化的路面。在项目5中，我们将学习跳跃功能的实现，在项目6中学习路面滚动功能的实现，在项目7的7.2节将实现动态路径的水平移动，让我们继续努力吧！

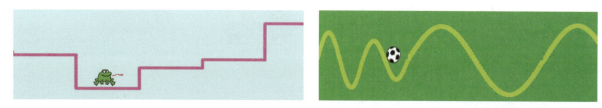

图4-46　随机曲线的扩展应用

项目5　跳跃的小鸟

5.1　跳跃原理及实现

在项目3中我们完成了《双人射击比赛》游戏，当射击者对准僵尸后，单击空格键发射子弹，子弹会沿着直线一直移动，当碰到僵尸后，得分增加。如果把这个过程放在真实世界里，想一想，子弹会严格沿着直线移动吗？为什么呢？

是的，因为重力，物体在向前运动的同时还要向垂直方向下落。就像投掷飞镖，为了让飞镖投掷到目标，投掷时的起点方向通常略微向上抬起一些，所以，飞镖经过的是两点连线上方的抛物线轨迹。如图5-1所示。

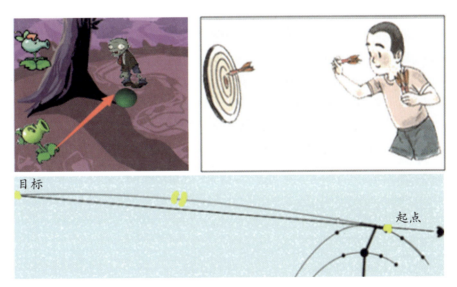

图5-1　投掷飞镖

在游戏作品中，经常会有跳跃动作，比如，《跳跃的小鸟》游戏中小鸟在管道中穿梭并跳跃、《超级玛丽》游戏中小猫在草地上跳跃，这些动作使得游戏真实而有趣，如图5-2所示。

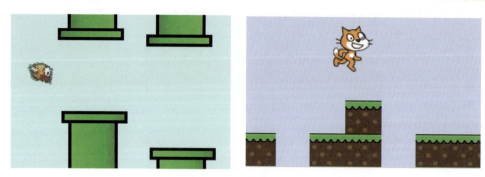

图5-2　典型游戏

5.1.1　跳跃原理

在现实世界中，物体的跳跃过程可以分解为上跳和落下两个过程，直到停止。

①　上跳

物体跳起时，通常有一个初始速度，这个速度使得物体能向上升。但由于重力原因（重力向下，与物体运动方向相反），物体上升的速度会越来越慢，直到到达最高点，此时速度为0，如图5-3所示，箭头长短代表速度的快慢。左图代表物体原地跳跃，右图代表物体跳跃时继续前行。

②　落下

当物体上跳速度为0时，即到达最高点，此时要做的是自由落体运动，即由于重力作用，物体开始下落（此时物体运动方向和重力方向一致），所以下落的速度会越来越快。如图5-3所示，就像行驶的汽车，当踩下油门后，车速会越来越快。

图5-3　上跳、落下

③　弹起

物体落下碰到地面后，由于还有一定的速度，所以通常还能继续弹起，达到一定高度（这与物体的材料和初始速度有关）后，再落下，反复几次后，由于运动中需要克服摩擦做功等能量损耗，物体最终会停止运动，如图5-4所示。

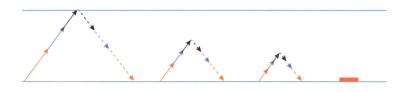

图5-4　物体持续弹起落下，直到停止

由此可见，在真实世界中，物体原地跳跃的过程可以分解为上跳、落下，前行跳跃的过程可以分解为上跳、前行、落下。这些是后面开发跳跃类游戏时的理论基础。

5.1.2　算法设计

如何编程实现跳跃的动作呢？通常会建立两个过程：一个叫"起跳"，该过程负责确定初始速度；另一个可以叫"重力运动"，该过程负责改变y坐标的值。同时，需要建立3个变量，分别是起跳速度、运行速度和重力值。

① 起跳

起跳的过程用文字描述为：首先给"起跳速度"变量赋初值，该值在程序运行过程中保持不变，然后将角色的运行速度初始值设置为起跳速度。

② 重力运动

物体初始运行速度为起跳速度V_0（如20），在向上跳起阶段，运动方向（朝上）和重力方向（朝下）相反，所以运行速度V不断减小。物体的运行速度V越来越小，直到为0或者小于0；当运行速度小于或等于0之后就开始下落，此时物体的运行方向（向下）和重力方向（向下）一致，所以速度越来越快。在程序里，把重力值G设置为负数（如-3），当前运行速度V表示为：运行速度+重力值，即V=V+G；当前y坐标的值Y表示为：y坐标+运行速度，即Y=Y+V。

当角色的运行速度大于0时，y坐标不断增加，表现为角色不断上升；当运行速度小于0时，y坐标不断减小，表现为角色不断落下。比如，重力值为-3，起跳速度为20，那么角色运行速度的变化为20，17，14，11，8，5，2，虽然运行速度在不断减少，但仍然为正数，所以此阶段为上跳阶段；此后，运行速度会变为-1，-4，-7，-10……此阶段为下落阶段。

1. 跳跃过程实现

5.1.3 编程实现

如图5-5所示，该程序中建立了"重力值、起跳速度、运行速度"3个变量，并赋予了初值。按下空格键，角色从起跳速度20开始，调用过程"重力运动"，让y坐标改变，运行速度减少，多次重复，角色上跳后又不断下落。为了不让角色落下，可以不断地按下空格键让角色重新跳起，即让运行速度重置为起跳速度。

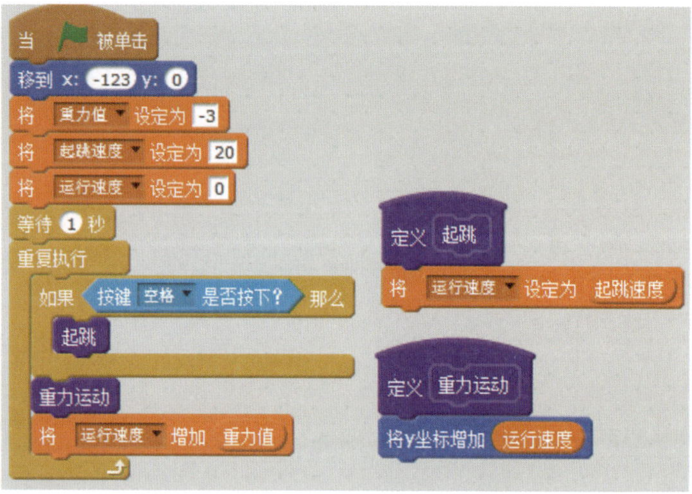

图5-5 跳跃过程脚本

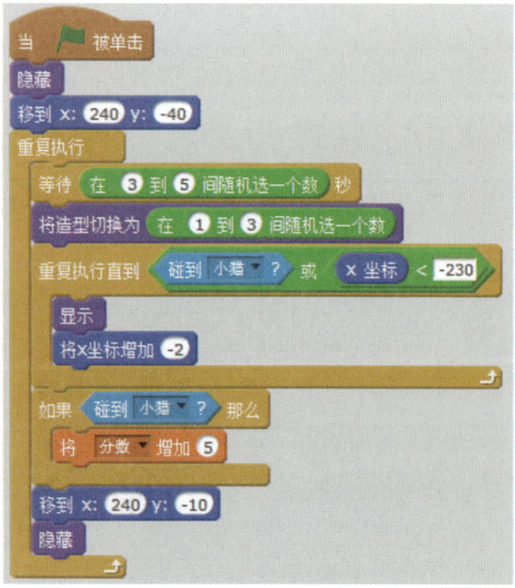

图5-6 食品移动脚本

为了增加游戏的趣味性，继续增加两个角色，分别是：健康食品和垃圾食品，并给每个角色添加不同的造型。这两个角色自右向左重复移动，当小猫碰到垃圾食品时，减少1分，当碰到健康食品时，增加5分。垃圾食品或健康食品在碰到小猫时，或者它们接近左侧边缘时（x坐标<-230）会隐藏起来，等待随机时间后，并重新出现在屏幕右侧初始位置，又开始移动，如图5-6所示的是健康食品的脚本，垃圾食品脚本与其类似，只是分数减1。

这个游戏本身逻辑简单，但玩家需要精力高度集中，既需要让小猫不落地，又需要有选择地吃到食物，是不是可玩性还不错呢？舞台效果和角色列表如图5-7所示。

图5-7　角色列表

5.2　《跳跃的小鸟》分析与设计

2013年5月在苹果App Store上线了一款手机游戏叫Flappy Bird，玩家控制一只小鸟，跨越由各种不同长度的水管所组成的障碍。这款游戏尽管没有精细的动画效果以及有趣的游戏规则，但当时的下载量突破5000万次。我们试着在Scratch中来实现这个小游戏。

将5.1节的文件复制，重命名为"跳跃的小鸟"，将小猫造型换成鸟的造型。当没有按下任意键时，小鸟由于重力原因快速落下，落地后游戏将结束；为了让小鸟不落下，玩家需要按下空格键让其上升，但也不能无限上升，一旦碰到水管，游戏终止。因此，玩家需要小心控制空格键让小鸟在穿越中不碰到水管。

5.2.1　需求分析

① 功能描述

时间：任意

地点：多个水管

人物：小鸟

起因：穿越水管缝隙，练习飞翔技能。

经过：小鸟每天在缝隙不等的水管间飞翔穿越。开始时，小鸟在起始位置，一旦按下空格键，4根水管就开始重复地自右向左移动，小鸟开始跳跃飞翔。只要小鸟不落地，只要不碰到

131

水管，就可以一直飞翔。游戏中可以允许玩家暂停/播放程序，也可以记录玩家在游戏中持续的时间。

结果： 小鸟一旦碰到了水管或者落到了地面，游戏就结束。

② 词性分析

1）找名词和动词，确定角色和行为

根据功能描述，找到的名词有：小鸟、缝隙、水管、起始位置、空格键、地面、玩家。找到的动词有飞翔、穿越、跳跃、按下、移动、落地、碰到、允许、暂停、播放、记录、持续。尝试为这些动词找主语，比如，小鸟飞翔、穿越、跳跃、落地、碰到，水管移动，程序暂停或播放。所以，把具有动作行为的名词作为角色，包括小鸟、水管。像缝隙、起始位置、空格键、地面等，都是与小鸟或水管角色相关，这里的地面用舞台边缘表达即可。

2）找数据和关系，确定变量和逻辑

根据功能描述，与数据有关的是4根水管、缝隙不等、持续时间，前两个可以通过添加角色及设置造型来实现，而持续时间需要统计，因此要建立变量"持续时间"，外加跳跃过程中的起跳速度、运行速度、重力3个变量即可。

与逻辑有关的是：条件结构（比如，当小鸟落到地面或者碰到水管时，游戏结束），循环结构（比如，水管重复地自右向左移动）。

③ 调度员角色

经过分析，游戏中的角色有小鸟、4根水管。游戏开始前，每个角色都在初始位置上，游戏开始后，则开始各自移动。游戏中需要增加"调度员"角色，负责程序的逻辑控制，发布消息指令，其他角色听从安排即可，不需要再去考虑各自循环的问题。这样可以大大提升程序的执行效率，对于像竞技类等对速度要求苛刻的游戏，"调度员"角色很有必要添加。

这与实际交通指挥类似。平时，交警指挥中心利用科技远程监控和调度，但在暴风雨天气，就需要在现场指挥调度。试想，在雨雪交加的下班高峰期，如果没有总调度，那么道路上会是什么样的场景呢？可能个别车辆不讲规则，抢占道路，往往致使交通堵塞，如图5-8所示。

图5-8 交警调度指挥

5.2.2 总体设计

① 角色行为设计

根据项目功能和词性分析，游戏中的角色行为设计如图5-9所示。

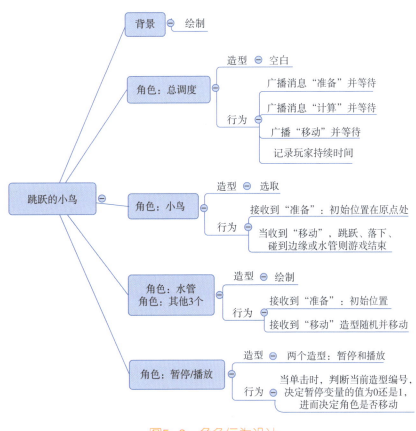

图5-9 角色行为设计

❷ 总调度逻辑设计

1）发送广播"准备"并等待

程序开始时，调度员广播消息"准备"并等待，该消息一旦发出，所有的角色接收到后，就开始做相应的准备。比如，小鸟、水管等都需要确定初始位置和方向等，等所有角色执行完"准备"里的指令后，调度员开始发送下一个广播。

2）发送广播"计算"并等待

当所有角色的"准备"工作做好后，总调度开始判断小鸟是否碰撞到地面或水管上，这里需要建立一个变量"碰撞"，通过判断变量"碰撞"的值决定程序是否结束。如果程序未结束，就广播"计算"消息且等待，此时小鸟接收到"计算"消息后就来确定起跳速度、重力大小，水管接收到"计算"消息后则确定移动速度。

3）发送广播"移动"并等待

等所有角色接收到"计算"消息并执行完指令后，总调度开始发送广播"移动"，并等待。所有角色接收到该消息后，就开始各自的移动。待移动完成后，总调度又继续判断"碰撞"变量是否为1，若不为1，则又开始下一次重复，直到"碰撞"变量为1，程序结束。有了总调度的控制，程序逻辑是不是更清楚了呢？如图5-10所示。

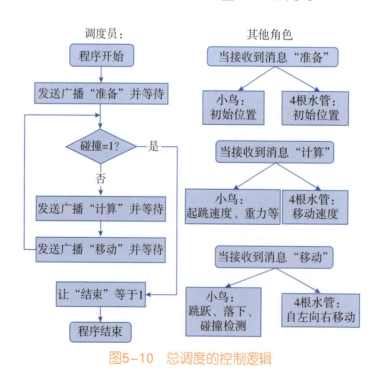

图5-10　总调度的控制逻辑

4）记录玩家持续时间

当玩家按下空格键，计时器开始计时，如果此时游戏处于暂停状态或者游戏已经结束，则变量"持续时间"不增加，否则每过一秒持续时间就增加1，所以程序中需要建立变量"结束"和"持续时间"，当程序开始时，"结束"和"持续时间"变量初值设置为0，当计时器开始计时时，则进行相应的判断和改变，如图5-11所示。当游戏结束时将"结束"变量设置为1，如图5-10所示。

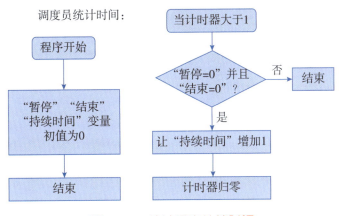

图5-11　统计玩家持续时间

5.3　编程实现

5.3.1　总调度功能

该角色造型设置为空白即可，通过发送广播、条件判断、循环等控制项目总体逻辑，起到在后台总体调度作用。建立全局变量"碰撞"，用于判断游戏是否终止。建立3个广播，分别是准备、计算和移动。此外，建立过程"变量初始化"负责给变量设置初值，让程序脚本更简洁；同时，用侦测模块中的"当计时器大于"指令，对游戏的"持续时间"进行统计，脚本如图5-12所示。

2. 总调度功能实现

图5-12　总调度脚本

5.3.2　水管移动

在这个游戏中，小鸟在原地跳跃落下，4根水管在做自右向左的移动，当它移动到达左侧边缘时，又继续从右侧出现，不断自右向左移动，如此循环。而玩家看到的似乎是水管不动，而小鸟在自左向右穿越，这其实是物理中的"相对运动"的效果，在项目6中会有详细介绍。

3. 绘制水管造型

① 绘制造型

在项目4的《小猫钓鱼》游戏中，修改鱼钩造型时，可将鱼钩即字母J旋转朝右侧，以便与默认方向（面向90°）保持一致。同理，在绘制水管造型时，其初始方向也设置为朝右侧。具体过程是：在矢量模式下，选择矩形工具，建立两个矩形，填充颜色后，将其造型中心点设置在左侧边线中间位置。并将两个矩形选中，使其组合为一个整体。绘制好一个造型后，可继续复制出多个造型，并缩放修改每个造型的宽度，如图5-13所示。上管1角色中包含3个造型，宽度各不相同，因为上管1在游戏中要朝下方，所以造型里不同的宽度就代表将来高度的不同，这样上下管之间就可以产生不同高度的缝隙。

做好一个角色后，再复制出3个，名称分别是"上管1""上管2""下管1""下管2"，如图5-14所示。

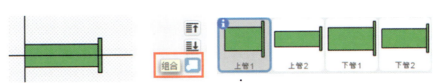

图5-13　绘制水管造型　　　　　图5-14　绘制水管角色

② 算法设计

首先，将上管1和上管2两个水管造型朝下（面向180°），下管1和下管2两个水管朝上（面向0°），起始位置都在舞台最右侧。每个角色显示的造型可以随机，上下组合后就会产生不同高度的空隙。当游戏开始时，每个水管向左匀速移动，当接近左侧边缘（x坐标接近-240）时，可以让其隐藏，并且重新回到初始位置。如此反复进行，直到程序结束。

③ 编程实现——上管1角色脚本

当接收到"准备"消息时，设置角色的初始位置、方向以及造型，并隐藏；当接收到"计算"消息时，设置水管速度为-5；当接收到"移动"消息时，将x坐标减少。水管不断左移，x坐标不断减少，当等于某个数值时（提前测试一下此时的x坐标值），就让其回到起始位置。参考脚本如图5-15所示。

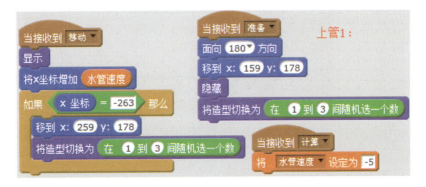

图5-15　上管1脚本

> **注意**
> 这里判断水管终止左移的条件是判断水管当前的x坐标是否等于-263，这个-263是如何得到的呢？选中该角色的"运动"模块下方指令"x坐标"前的复选框，让其显示在舞台上，然后让水管的x坐标每次减少5，重复执行，会发现，水管左移到舞台左侧边缘时停止了，观察此时的x坐标显示的值是多少？比如-263，那就意味着如果x坐标等于-263，水管到达并停在左侧边缘，此时要让它重新回到舞台右侧。

1）问题分析

运行程序，"上管1"角色是不是在所有情况下，只要x坐标=-263，都能够回到右侧边缘了呢？运行程序发现有时候并不是这样。仔细分析发现角色目前包含3个造型，虽然这几个造型是通过复制得到的，但是复制后的宽度和高度Scratch也无法确保完全相同，在缩放的过程中也难以避免造型中心点会有稍许差别，所以同一个角色不同造型在到达左侧边缘时对应的x坐标可能会有稍许差异。

4. 水管移动调试

2）问题解决——方案1

为了能验证上述分析思路是否正确，我们可以把角色的造型填充不同颜色，然后运行程序多次，记录每个造型到达舞台左侧边缘时对应的x坐标值（如-263、-264、-265），找出最大值，如-263，然后取比这个数值大一些的数（如-262），以便确保三个造型都能满足条件。也就是说，只要角色当前的x坐标值小于-262，那么角色就会回到右侧边缘。脚本如图5-16所示。

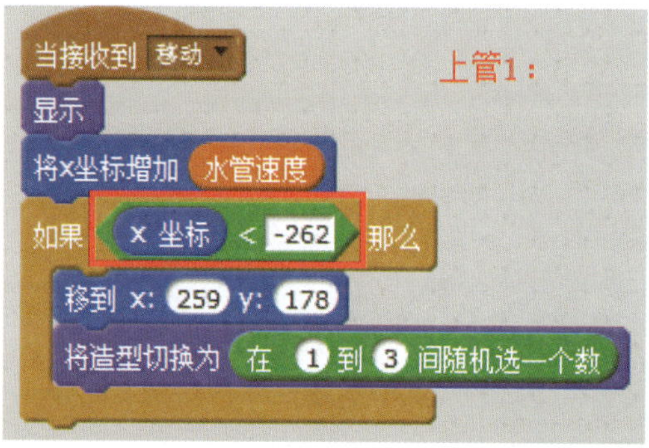

图5-16　上管1坐标判断

3）问题解决——方案2

当然，我们还可以尝试另一种解决方案。添加一个竖条角色，让其位于舞台左侧，可以将其宽度设置很窄，高度与舞台高度相同，玩家几乎看不见。每当水管移动到舞台左侧并碰到该角色时，就回到舞台右侧边缘。这种方法不需要像方案1中要判断x坐标的值，逻辑简单，但是多加了一个角色，相比之下，占用的内存会大一些。但是因为这个程序本身很小，所以内存问题暂时可以忽略。感兴趣的读者可以自行实现。

"上管2"角色的分析过程与之类似，如图5-17所示。

图5-17　上管2脚本

④　编程实现——下管1角色脚本

下管1和下管2脚本与之类似，下管1脚本如图5-18所示。

图5-18　下管1脚本

5.3.3　小鸟跳跃

当小鸟接收到"准备"消息时，会确定好初始位置和方向，并为3个变量设置初始值；当接收到"计算"消息时，运行速度不断减少，按下空格键后，运行速度又从起跳速度开始；当接收到"移动"消息时，y坐标不断改变，并进行碰撞检测，当碰到了舞台下边缘或者碰到了4根水管之一时，就将碰撞变量设置为1，参考脚本如图5-19所示（由于篇幅所限，这里的"碰撞检测"没有完整截图，条件应是：y坐标<180或者碰到上管1或者碰到上管2或者碰到下管1或者碰到下管2）。

运行程序，多试玩几次，可以适当调整水管的长短，或者修改小鸟起跳的速度或者重力幅度等，增加游戏的成功率，也可以在游戏中增加倒计时或者得分功能，这些功能运用前面学习到的知识点都可以来实现，不妨尝试一下。

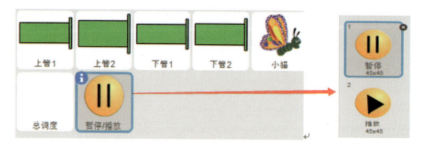

图5-19　小鸟跳跃脚本

5.3.4　暂停功能

这个游戏虽然逻辑简单，但是玩起来不容易，需要玩家精力高度集中。如果玩家有事需要暂停游戏，该如何实现呢？所谓暂停，就是说按下了暂停按钮后，所有角色都不移动。言外之意，就是说角色的移动是有条件的，当此时按下的是开始按钮，那么角色就移动；如果按下的是暂停按钮，那么角色就不移动。那如何知道当前按下的是"开始"还是"暂停"呢？显然，可以使用标记变量。

① 绘制按钮

从角色库中添加角色Ball，保留黄色球造型，其他造型删除。将黄色球造型再复制一个，名称分别是"暂停"和"播放"，并在绘图编辑器中绘制出不同的造型，其中暂停对应的造型编号是1，播放对应的造型编号是2，角色的名称是"暂停/播放"，如图5-20所示。

图5-20　暂停/播放角色

② 算法设计

建立变量"暂停"，其初值为0。按下按钮时，即"暂停/播放"角色被单击时，如果此时的造型名称是"暂停"时，那么就将暂停变量设置为1，并再将造型设置为"播放"；同理按下按钮时，如果该角色此时的造型名称是"播放"时，就将标记变量设置为0。这样一来，所有角色在移动时都需要先判断标记变量的值，如果是0，则移动；如果是1，则不移动。但由于本游戏中所有角色的移动都是由总调度角色来控制的，所以实现起来更为简单，只需要在总调度角色中做判断即可，大大简化了程序脚本，由此我们也能体会角色"总调度"的作用。

③ 编程实现

"暂停/播放"角色上的脚本如图5-21（1）所示，"总调度"角色上的脚本如图5-21（2）所示。

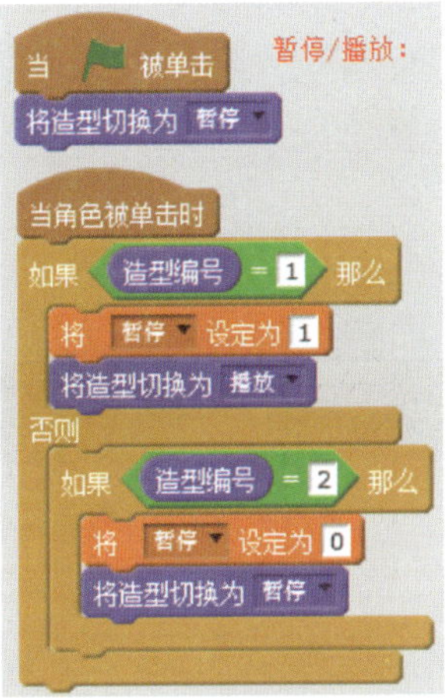

图5-21（1）　暂停/播放脚本 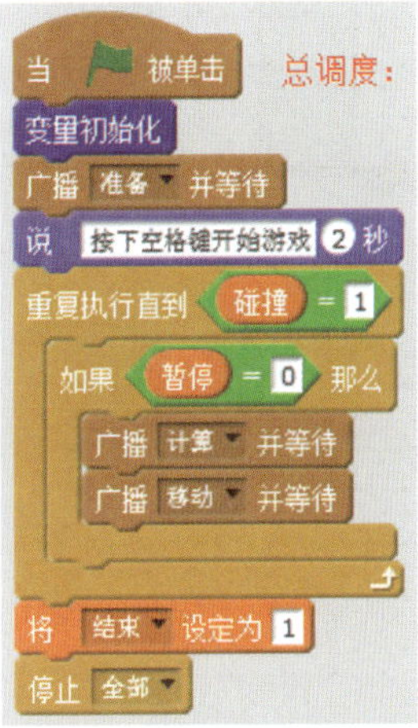　　　　图5-21（2）　总调度脚本

5.4　本章小结

在这个游戏中，小鸟实际上是在原地上下跳跃，之所以看起来像是在向右移动，其实是因为4根水管在自右向左移动。在很多游戏中，都是通过其他角色的后移，让主角有一种似乎在前进的效果，比如，赛车游戏中无止境的路面滚动，《超级玛丽》游戏中不断移动的砖块，等等，这些都是典型的滚屏类游戏。在下一个项目中，我们将深入学习滚屏类游戏的实现方法。

项目6　小猫历险记

6.1　认识相对运动

在项目5中我们实现了《跳跃的小鸟》游戏，体验了小鸟穿梭在不同缝隙里战战兢兢的感觉。如果你玩过《超级玛丽》游戏，也一定跟着小猫一起体验跳跃行进的刺激……其实，这些游戏的角色本身（如小鸟或小猫）并没有真正的向前移动，而是因为其他角色（如水管、砖块）的移动进而产生了相对运动的效果，如图6-1所示。

图6-1　相对运动的游戏

6.1.1　相对运动现象

生活中相对运动的现象很普遍，甚至在很多古诗词中，也有对相对运动现象的描述。

望天门山

（李白）

天门中断楚江开，

碧水东流至此回。

两岸青山相对出，

孤帆一片日边来。

绝句

（傅翕）

空手把锄头，

步行骑水牛。

牛从桥上过，

桥流水不流。

"两岸青山相对出"，青山怎么会移动呢？显然，是诗人乘坐的船在前行，看到远处的山像是向诗人走来；"桥流水不流"，桥怎么会流呢？显然，诗人是把水看成静止的，相对于静止的水，桥看起来在流动……

"船桨激起的微波扩散出一道道水纹，才让你感觉到船在前进，岸在后移。"这是《桂林山水甲天下》里面的一句话。相对于河岸，是船在前进；而相对于船，则是岸在后移，这里描述的也是相对运现象。

6.1.2 相对运动与相对静止

一切运动都是相对于某种物体而言的。比如，一栋楼房或一棵树对地球来说，它们是静止的，但对太阳来说，它们都是地球上的物体，都在运动着；一辆行驶的汽车，相对路面或房子或树木，汽车在向前运动，我坐在汽车上，相对于汽车而言，我又是静止的……因此，判断一个物体运动与否，与选定的参照物有关系。

"参照物"是被看作静止不动的，用来作参照和比较用的。谁可以被选作参照物呢？理论上讲任意的物体都可以作为参照物，但方便起见，若要研究地面上物体的运动，通常选取地面或相对于地面静止的物体（如树木、房屋）作为参照物。当然，被研究的物体本身不能选作参照物，因为一旦被作为参照物，它将被看作是静止的。

在游戏开发中，舞台屏幕的宽度和高度有限，如果让角色持续移动，必然会移出舞台，所以通常情况下，角色不动，而让舞台上其他角色不断移动，这样看起来就像是角色在移动。下面编程来实现相对运动效果。

6.2 角色之间的相对移动

我们先来尝试编程实现《简易赛车》游戏，如图6-2所示。

主要思路是：让路面有多个造型，每个造型中白色标志线位置不断下移，当快速切换路面时，会产生路面向后移动而车辆向前移动的感觉；若在道路两旁加上向后移动的树木、房屋等，也更能体现车辆前移的效果。此外，按照人们观察事物"近大远小"的规律，路面可以设计为三角形，显得更加逼真。

图6-2　《简易赛车》游戏界面

6.2.1　创建路面角色

① 绘制三角形路面

1. 绘制三角形路面

单击"绘制角色"，打开绘图编辑器，切换到"矢量模式"下，单击"直线工具"，绘制3条线段，组成一个封闭的三角形，因为只有封闭图形才能填充上颜色。判断两条线段的起点或者终点是否吻合的标准是：将鼠标指针移动到线段的一端，出现一个"圆圈"标记后单击鼠标，表示线段的两个端点吻合。用同样的方法，将3条边的首尾相连，形成封闭图形，并填充颜色。

② 绘制路面标志线

三角形路面遵循的是"近大远小"的规则，标志线也是如此。切换到矢量图模式，选择直线工具，画出一个瘦瘦的三角形，并填充为白色。接下来，将标志线处理成分段效果。首先会想到用"位图模式"下的橡皮擦，但橡皮擦除的边缘不规则，所以这里有一个窍门：绘制一个个矩形，将矩形填充为与道路一样的灰色，是不是也可以起到橡皮擦的作用呢？

2. 绘制路面标志线

为了让车辆有向前走的效果，还需要复制出多个路面造型，然后给路面造型做微小的变化，就是将起橡皮作用的灰色小矩形稍微向后移动一下，这样当快速切换路面造型时，路面像是在向后移动，而车辆是看起来在向前移动。同理，可以再复制几个类似造型，让路面标志线过渡的造型多一些，造型及切换的脚本如图6-3所示。

图6-3　标志线滚动

6.2.2　创建赛车角色

在Scratch角色库中有很多小车的图片，如图6-4所示，这种车辆造型若添加到这个游戏中是否合适呢？目前，小车默认方向是朝右（面向90°），如果让小车朝上（面向0°），如图6-4所示，显然，对于目前的路面造型来说，赛车的这种造型不合适。因为目前这辆车是侧视图，而我们需要的是小车的后视图或俯视图。在车辆后面的"知识扩展"中有具体介绍。

图6-4　角色库中的车辆

① 绘制小车俯视图

相对来说，俯视图（从上方向下看）的小车容易画出来，使用的基本图形是"矩形"。为了能方便修改，绘制时选择"矢量图模式"，填充颜色，将造型中心点放置在小车中间位置。需要注意，小车的初始方向朝右（Scratch造型默认方向），如图6-5所示。

如果你觉得绘制的小车不太立体，也可以到网上搜索图片，下载使用。

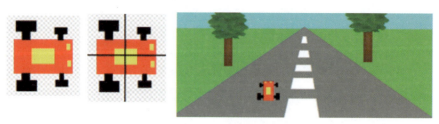

图6-5　俯视图小车

② 下载小车后视图

在百度里搜索图片的关键字是"赛车 后视图"，从中找到喜欢的车辆，下载原图后，保存下来，添加到Scratch里作为角色，之后利用绘图编辑器中"位图模式下"的"移除背景"工具实现抠图效果，具体方法参考项目1中的介绍，处理后的赛车如图6-6所示。

图6-6　抠图后的后视图小车

单击绿旗让路面切换造型，怎么样？是不是很有成就感？小车虽然没有移动，但是由于路面的造型快速切换，是不是小车有向前移动的感觉呢？如果感觉小车移动的效果并不明显，试着在路两边加上树木和房屋。

6.2.3　添加树木房屋

建立一个角色"右侧树木房屋"，为该角色添加"树木"和"房屋"两个造型，分别从角色库中选取，对其大小进行缩放。调整好后，再将该角色复制，命名为"左侧树木房屋"，但发现"楼房"造型方向反了，可以在绘图编辑器中对其进行左右翻转。此外，还可以为其填充不同颜色，如图6-7所示。

图6-7　路边加上树木房屋

6.2.4　实现树木移动

由于道路两边（即三角形的两条边）是斜向的，所以需要让树木沿着路面方向斜着移动，可以通过两种方法来实现：一是设置树木面向方向为斜下方并移动，二是不改变树木方向，只改变其x和y坐标的值达到斜着移动的效果。

①　方法一：设置树木面向方向

1）设置树木面向方向

回顾Scratch约定的方向和角度，如图6-8所示。0～180°代表y轴右侧方向，-180°～0，代表y轴左侧方向。

根据路面形状，左侧树木面向角度应该在-90～-180°，如大概取-120°；右侧树木面向角度应该在90°～180°，如大概取120°（这个角度只是大概设置，可以不断修改，直到找到合适的角度）。

2）编程实现

先将角色初始化，包括初始大小、造型以及面向角度。之后，让角色重复沿着指定方向移动2步，同时变大。如果碰到舞台的边缘，就回到初始位置，重新移动，这样看到的就是有源源不断的树木或房屋从道路尽头移动过来，脚本如图6-9所示。

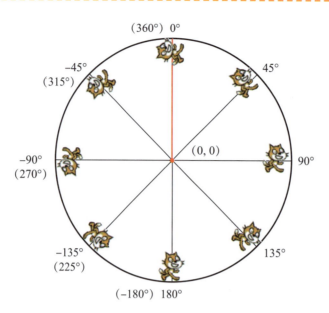

图6-8　Scratch角色方向约定

图6-9　树木、楼房按设置方向移动

　　运行程序看看，是什么效果呢？哇？左侧楼房怎么翻转着移动呢？显然，是"面向–120方向"让楼房向斜下方移动了。我们希望楼房朝着斜下方移动，但是不希望楼房旋转。为此，需要在"绿旗"事件下，将旋转模式设置为"不旋转"，如图6-9所示。

　　再运行程序，怎么样？楼房是不是正过来了呢？再根据运行结果，对面向角度、移动的步数和角色大小增加的值进行微调。但需注意：有时候设置的这些值对树木造型合适，但是对楼房造型不合适，将它们的造型中心点位置设置成完全一样即可。

148

② **方法二：改变树木坐标值**

以左侧路面为例，树木从路的尽头迎面而来，也就是朝左斜下方移动。朝左移动是让x坐标减少，朝下移动是让y坐标减少。那么，既让x坐标不断减少，又让y坐标不断减少，实际上就是让树木向左下方移动。当然，x坐标和y坐标每次移动的步数多少合适，也需要根据路面倾斜幅度不断测试直到找到合适的值。同理，右侧树木沿着右斜下方移动，实际上是让x坐标不断增加，y坐标不断减小。参考脚本如图6-10所示。

图6-10　树木、楼房按x坐标和y坐标移动

《简易赛车》游戏中的路面移动和树木移动的方法就介绍到这里，这里充分运用了"相对移动"及"近大远小"的生活常识。运行程序，怎么样？有了路面和路边树木的移动，车辆的移动效果是不是更加逼真了？

知识扩展：物体的视图

在机械工程里，通常用6个视图来全面剖析一个物体。如图6-11（1）所示。

（1）主视图：从物体的正面观看，所得到的视图；

（2）俯视图：从物体的上面向下观看，所得到的视图。

（3）左视图：从物体的左边向右观看，所得到的视图。

（4）右视图：从物体的右边向左观看，所得到的视图。

（5）仰视图：从物体的下方向上观看，所得到的视图。

（6）后视图：从物体的后面观看，所得到的视图。

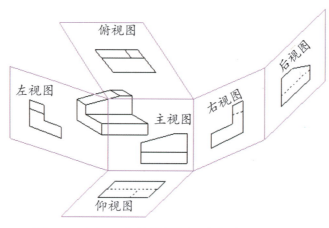

图6-11（1）　物体的视图（本图来自网络）

因此，在搜索赛车图片时，输入"赛车 俯视图"或者"赛车 后视图"时，得到的图片是不一样的，根据需要选用即可，如图6-11（2）所示。

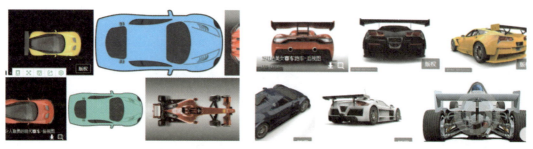

图6-11（2）　赛车俯视图和后视图

6.3　多个屏幕滚动切换

在《简易赛车》游戏中，尽管实现了小车向前移动的效果，但总感觉效果还不是很逼真。如果能不断变换各种路面或场景的话，效果一定很棒。本节我们一起尝试让多个场景重复移动。

6.3.1　多个场景水平移动

① 绘制多个场景

Scratch中约定舞台背景是不能移动的，其"动作"模块下没有给出移动指令，因此既然需要让不同场景进行移动，就要将场景绘制成角色。如图6-12所示，在背景上绘制了蓝天白云，添加一个人物角色，绘制了3个场景角色。每个场景宽度基本为480像素，造型中心点默认在中间位置。

3. 绘制不同场景

图6-12　绘制不同角色场景角色

② 设置场景角色初始位置

在游戏开始时，希望3个场景的出场顺序是场景1、场景2和场景3，所以舞台上先出现场景1，其他两个场景角色需要在舞台右侧候场（这里约定场景自右向左移动），如图6-13所示。先看场景1，因为Scratch默认造型中心点在原点（0，0）位置，为了让场景角色原样显示，因此其初始化坐标为（0，0）。那么第二个场景的初始位置是多少呢？从中心点距离看，两个场景中心点之间的距离恰好是一个角色的宽度，即480，所以第二个场景的初始位置为（480*1，0），那么第三个场景的初始位置为（480*2，0）。

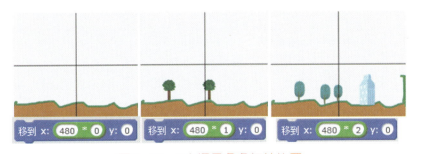

图6-13　3个场景角色初始位置

4. 场景位置初始化

运行程序，观察舞台当前显示的是第一个场景，但是仔细观察舞台右侧边缘，其实和另外两个场景的左侧有一些重合，这是Scratch本身固有的特点，即使理论上把角色放在了舞台外面，但实际上它们还是在舞台边缘附近，就像角色移动到边缘就停止的情况一样。但即使这样，总体而言，不影响场景显示的效果，因为我们马上就要让场景角色移动起来。

③ 移动场景

让3个场景向左移动的目的是为了让人物看起来在向右移动，根据相对运动的原理，为达到这种效果，设置当按下右移键，让3个场景向左移动，即让场景角色的x坐标减小。

5. 场景角色左移

为了让3个场景能同时各自移动又能相互配合有序出场，需要有一个共同的变量来约束，将该变量定义为scrollX，初值设置为0。当按下右移键时，让其值减小。修改3个场景的脚本，如图6-14所示。可见，只要scrollX的值改变了，这3个场景的位置都立即发生改变，因为这里设置为重复执行。

图6-14 3个场景的位置脚本

下面再来写键盘事件，当按下右移键时，将scrollX值减小，这个脚本可以写在任何角色上，但为方便理解，通常写在人物角色上。脚本如图6-15所示。运行程序，当按下右移键，3个场景是不是有序出现了呢？

图6-15 按下右移键场景左移

④ 人物走路效果

为了让人物更真实地走路，可以预先多加几个造型并切换，脚本如图6-16所示。

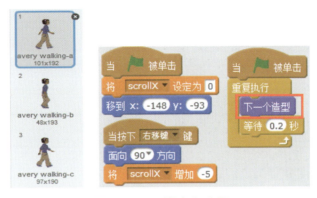

图6-16　切换人物造型

运行程序，现在人物的行走看起来是不是更真实一些呢？你对这个程序目前的效果满意吗？有没有发现还是有一点瑕疵，如图6-17所示。比如，现在的路面是崎岖不平的，当人物行走在凹陷处的时候，能否让其落地行走，而不是悬在半空中行走呢？或者，当行走在上坡处时，能否让其也上坡，踩在绿色的路线上呢？别着急，这里先留下问题，在6.3.4节马上就会学习到。

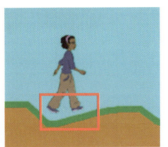 

图6-17　人物行走时的不足之处

6.3.2　多个场景垂直移动

前面设计了一个《简易赛车》游戏，为了模拟车辆向前移动的效果，设置了多个标志线有差异的路面造型，通过切换造型使得标志线移动，看起来像是路面在向下移动。下面介绍多个场景垂直移动，可以更逼真地模拟路面移动效果，如图6-18所示。

① 绘制路面角色

如图6-19所示，用铅笔工具绘制两条线，分别与左、右侧形成了两个封闭图形，填充颜色，形成一个路面造型，角色名为"路1"。

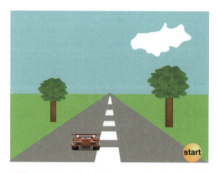
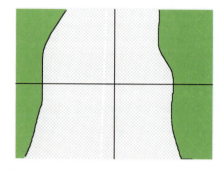

图6-18 《简易赛车》游戏场景　　图6-19 绘制路面，尺寸为480×360

绘制第二条公路时，复制"路1"，在绘图编辑器里对其进行上下翻转，这样两张图片上下就能无缝对接起来了，还可以添加"景色"角色，显示在路面的两旁。如图6-20所示。

6. 绘制两个路面

图6-20 角色列表

② 路面垂直滚动

首先确定两个路面的初始位置。"路1"的初始坐标是（0，0），"路2"在舞台上方外侧，因此，横坐标是0，纵坐标是"路1"的高度，即360。当单击绿旗时，"路1"显示在舞台上，"路2"在舞台上方候场。为了让两个场景能同时各自移动又相互配合有序出场，同样需要有一个共同的变量来参与，将该变量定义为scrollY，初值设置为0。当按下空格键时，路面开始向下移动。脚本如图6-21所示。

图6-21 路面随着变量减少而下移

运行程序，观察两个路面是否顺序下移了。显然，当第一个路面下移到屏幕外时，第二个路面恰好在舞台上，若继续下移，则舞台上方就出现了空白。下面来解决这个问题。

6.3.3　多个场景重复移动

① **两个场景垂直重复移动**

显然，当舞台上方快要出现空白时，可以让"路1"再移动到舞台上方，也就是说，一旦"路1"移动到了舞台下面，那就让其重新回到舞台上方。程序如何判断"路1"是否到达了舞台下方呢？如图6-22所示，观察scrollY的值，当该值小于-360时，角色回到舞台上方。

7. 路面垂直滚动

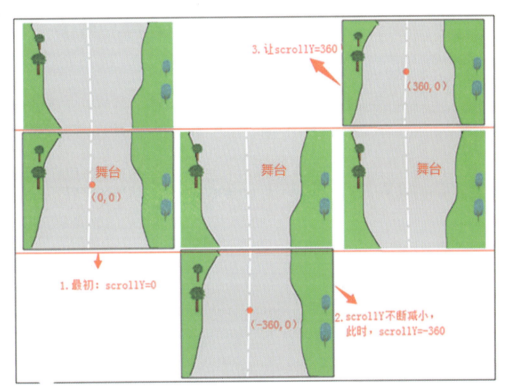

图6-22　"路1"的移动过程

修改程序后再运行，观察此时路面是否在连续在下移呢？　"路1"一直在重复下移。但是"路2"有一段时间一直停留在舞台上方，没有下移。这段时间就是"路1"回到顶部后，"路2"恰好在舞台上，此时"路2"应该继续下移。但因为此时我们将scrollY设置为360，而（0，360*1+scrollY）就是（0，720），显然无法下移。那能否针对这种情况单独做一个判断呢？

修改公式，如果发现scrollY的值大于0了，那么"路2"的坐标公式换成（0，scrollY-360），试试看，问题解决了吗？

scrollY值的改变过程及"路2"的脚本如图6-23所示。

8.路面重复滚动

图6-23　路1和路2轮流移动

这样就实现了两个场景垂直重复移动的过程。用同样的方法，可以实现两个场景水平重复移动的过程。下面来看3个场景水平移动的具体过程和编程实现。

② 三个场景水平重复移动

观察水平移动场景例子中3个场景图片，如图6-24（1）所示。scrollX初值为0，场景1、场景2和场景3的位置分别是scrollX+0*480、scrollX+1*480、scrollX+2*480，并重复移到该位置。但是对于场景3需要特殊考虑，当场景3到了（0，0）的位置，即scrollX=-960时，场景1和场景2需要到舞台右侧候场。为此，将scrollX设置为480，此时按照已有公式，场景1移到了（scrollX+0*480，0），即（480，0）的位置，场景2移到了（scrollX+1*480，0），即（960，0）的位置。场景3移到了（scrollX+2*480，0），即（1440，0），而我们希望场景3此时在（0，0）的位置。因此，需要对场景3进行特殊情况处理，就像两个场景垂直重复移动时对"路2"角色的特殊考虑一样。

对于场景3角色而言，当scrollX小于或等于0时，其坐标公式是scrollX+2*480，否则，其公式应该是scrollX-480。

对应的角色列表及每个角色上的脚本如图6-24（2）所示。

156

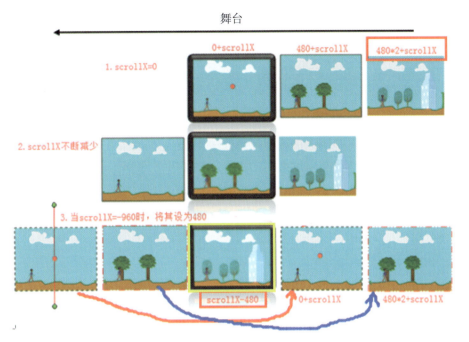

图6-24（1） 3个场景水平重复移动过程

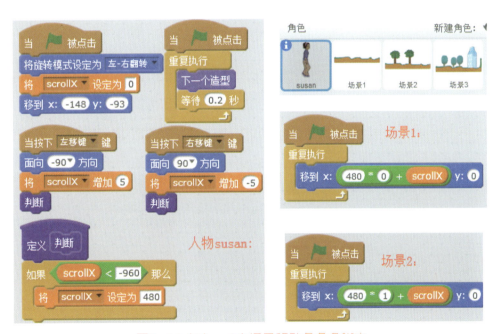

图6-24（2） 3个场景移动各角色脚本

场景3角色上的脚本如图6-24（3）所示。

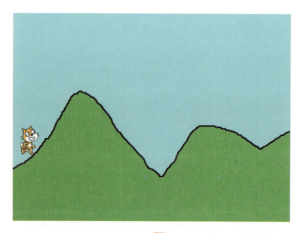

图6-24（3）　场景3的脚本

6.3.4　场景为上下坡路面

在前面3个场景水平移动的例子中，还留下了一个问题待处理，即如何让人物在起伏的道路上始终保持在路面上行走？这其实就是游戏中如何识别上下坡路面的问题。

①　上下坡路面移动

先绘制一个起伏的路面角色，按下右移键后，能向左移动，看起来像是小猫在向右移动，如图6-25所示。

图6-25　上下坡路面移动

②　小猫在一个路面上的上坡和下坡

小猫在走上坡路时，碰到路面就将其y坐标值增加，重复执行，直到不再碰到路面为止；反之，走下坡路时，只要没有碰到路面角色，就让小猫的y坐

9. 一个路面上下坡

标值减少一次，直到碰到路面角色为止。也就是说，在路面左移的过程中，小猫在不断地判断是否碰到路面角色，进而决定自己是上升还是下降，同时做适当旋转来调整方向，脚本如图6-26所示。

图6-26 小猫在一个路面上的上下坡

❸ 小猫在两个路面上的上坡和下坡

可以让两个路面场景重复向左滚屏，如果希望小猫在行进过程中也能检测出路面2是上坡还是下坡，程序该如何写呢？虽然和路面1的逻辑判断类似，但是这里要注意：此时如果检测到没有碰到路面1，那么可能的情况有哪些呢？一种是虽然没有碰到路面1，但是可能碰到了路面2，此时仍然要上升；另一种是没有碰到路面1，也没有碰到路面2，此时要下降。因此，最终的脚本如图6-27所示。

10. 两个路面上下坡

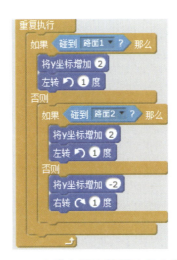

图6-27 小猫在两个路面上的上下坡

6.4 《小猫历险记》设计与实现

6.4.1 需求分析

① 功能描述

> **时间：**傍晚
>
> **地点：**森林里
>
> **人物：**小猫
>
> **起因：**小猫独自出去游玩，迷失在森林里，它历经险阻，寻找回家的路。
>
> **经过：**小猫找到了一条崎岖不平的山路，只是这条路上会时不时地有幽灵出现，一旦被幽灵抓到，小猫就没命了。天空中还不时有炸弹和宝石掉下，小猫得避开炸弹，以免被炸而减少能量。当然，小猫可以接住空中掉下的宝石，来增加自己的能量。当能量足够大时，就可以攻击幽灵。当能量足够大时，房屋就显示出来。
>
> **结果：**小猫历经磨难，终于回到了家，并再也不独自外出游玩了。

② 词性分析

1）找名词和动词，确定角色

根据功能描述，找到的名词有小猫、森林、山路、幽灵、炸弹、宝石、房屋、能量。动词有游玩、迷失、历经、寻找、出现、抓到、掉下、避开、接住、攻击、显示。为这些动词找主语，如小猫游玩、迷失、寻找、避开、接住、攻击，幽灵出现、抓到，宝石掉下，房屋显示。把具有动作行为的名词确定为角色，包括小猫、幽灵、宝石、山路、房屋。

2）找数据和关系，确定变量和逻辑

根据功能描述，与数据有关的是：时不时、增加能量、足够大。其中，需要保存的数据是能量。因此，需要建立"能量"变量。与逻辑有关的是：条件结构（如，如果被幽灵抓住，小猫就没命了；当小猫能量足够大时，可以攻击幽灵，房屋就显示），循环结构（如，幽灵、炸弹或宝石时不时出现）。角色（房屋、小猫）之间的关系是：当能量足够大时，房屋出现，且通知小猫回家，程序结束。

6.4.2 总体设计

根据前面的需求分析，形成了角色行为设计图，如图6-28所示。

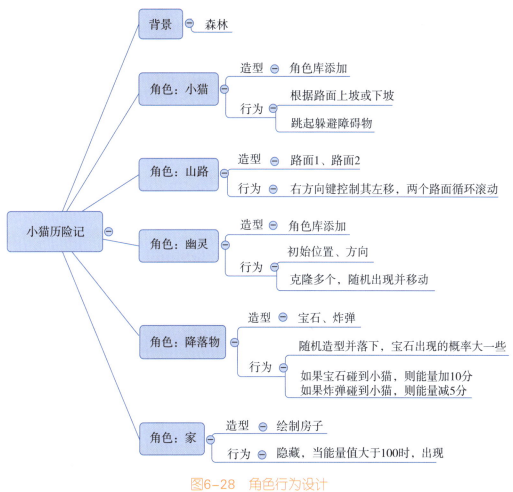

图6-28 角色行为设计

6.4.3 编程实现

有关小猫的行走、跳起和路面的循环滚动功能前面已经实现。此处不再赘述。游戏中的角色及命名如图6-29所示，降落物角色设置了两个造型：炸弹和钻石。

图6-29　游戏角色列表

① 幽灵出没

首先根据小猫和幽灵的相对方向看，需要将幽灵的造型进行左右翻转，然后在一个时间范围内（如5~20秒）随机出现，并面向小猫移动。当碰到其中一个路面，就消失即隐藏掉；当碰到小猫时，游戏终止。参考脚本如图6-30所示。

图6-30　幽灵出没

② 降落物出现

降落物有两个造型：炸弹和宝石，通过随机数来控制每种造型出现的概率。比如，生成1~5之间的随机数，如果随机数等于1，则钻石出现；若为2或3或4或5，则显示炸弹。降落物角色作为克隆体启动后，需要判断降落物是炸弹还是宝石，此时使用"侦测"模块下的"造型编号对于降落物"的指令，从而增加或减少能量值，脚本如图6-31所示。

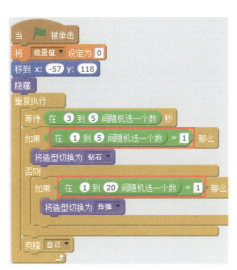

图6-31　降落物出现

③ 小猫跳起

程序中，当按下右移键时，小猫看起来像是在向右移动。但实际上，小猫在原地不动，是路面在左移。当幽灵面向小猫移动，而又没有山坡来阻挡幽灵时，小猫肯定会碰到幽灵，所以，玩家需要控制小猫跳起（如按下空格键），来躲避幽灵入侵。关于角色的跳跃在项目5《跳跃的小鸟》中有详细介绍，这里直接编写脚本。若需要，可以复习项目5的内容。参考脚本如图6-32所示。

图6-32　小猫跳起脚本

163

调试程序发现，在小猫跳起过程中，面向角度即方向发生了改变。为什么跳起时方向会改变呢？因为在"绿旗"事件里，我们编写了只要没有碰到路面就让小猫不断右转1度的脚本。那如何才能让小猫在跳起时不改变原来的方向呢？这里可以建立一个标志变量来实现。当程序运行时，设定标志变量值为0，表示小猫没有跳起；当按下空格键小猫跳起时，设定标志变量值为1，表示小猫跳起的状态；当小猫落地时重新设定标志变量为0。在小猫上下坡的脚本中就要判断标志变量的值，只有当值为0时，也就是小猫没有跳起时，才可以改变角度。修改后的脚本如图6-33所示。

反复运行程序，观察有没有问题出现。

图6-33　小猫跳起时不改变方向

④　房屋出现

当能量值大于100时，房屋出现，显示成功信息，并发送广播。当小猫收到广播时，说：终于回家了！游戏结束。对应的脚本如图6-34所示。

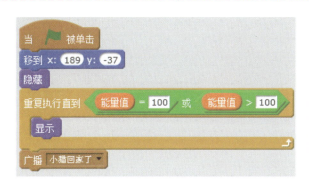

图6-34 房屋出现，小猫回家

运行程序的界面截图如图6-35所示。

图6-35 《小猫历险记》游戏界面

6.5 本章小结

在本项目中，主要学习了如何让屏幕滚动起来，并与项目5中的跳跃功能结合起来，完成了《小猫历险记》游戏。在即将学习的项目7中，将结合Scratch中的链表，学习如何绘制随机路径、如何让随机路径持续滚动，再与跳跃类游戏结合，你会迎接一个新的挑战，加油！

项目7 贪吃蛇

7.1 链表及其使用

在前面的编程中，我们学习了使用变量来存储数据，如：得分、倒计时等等。一旦建立了变量，程序就会在内存中随机开辟一块空间给该变量，且变量一次只能保存一个数据。试想，如果需要存储大量相同类别的变量，如20个同学的姓名，若用20个变量存储，内存中就会有20个地址不连续的存储空间，这样很不方便后期的数据读取和管理。为此，Scratch还提供了另一种存储数据的方式，即链表。

7.1.1 什么是链表

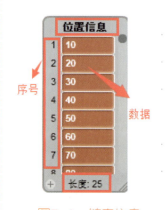

图7-1 链表信息

在Scratch中，当需要存储大量的类似数据时，可以使用"链表"。有些高级语言中有"数组"和"列表"的概念，链表在这里与列表类似，可以存取数据，也可以在任何位置插入、删除数据，等等。建立链表和建立变量的方法一样，在"数据"模块下找到"新建链表"，提示链表名称以及作用域，比如叫"位置信息"，并设置为"适用于所有角色"，这样程序中的每个角色都可以使用这个链表。如图7-1所示，显示了链表的名称（位置信息）、长度（25个数据），左侧一列是数据的序号，类似于房间号，每个序号对应一个数据。

7.1.2 链表操作

有关链表的指令可以分为三大类：一类是添加、删除和修改，一类是显示和隐藏，另一类是取得数据，如返回某个序号对应的数据或者链表的长度或者是否包含某个数据，如图7-2所示。

1. 链表基本操作

图7-2　链表操作指令

① 数据的增删改

1）插入数据（insert）

插入数据的指令有两个：一个指令是"将数据加入到链表中"，默认是加到链表的尾部，就像在食堂排队打饭，新来的同学都加入到队尾，队伍不断变长；另一个指令是在链表的指定位置上插入数据，这样会更加灵活。比如，在银行排队办理业务时，如果有人着急赶飞机的话，工作人员会在确认事情属实的情况下，让其插入到队伍中。

2）删除数据（delete）

指定链表名称和序号，可以把该序号处的数据删除掉，其他数据前移。比如，班级里20个同学，现在1位同学转学了，这时就可以把他从链表中删除掉，此时链表的长度变为19。

3）替换数据（replace）

如果发现某个序号对应的数据需要修改，这时可以使用该指令，即replace item（序号） of 链表名 with 数据，即用什么数据替换掉哪个链表中的哪个序号对应的数据。

② 数据读取

可以通过指令将指定序号里的数据读取出来，可以统计出指定链表的长度（即包括多少个数据），还可以判断链表里是否含有给定的数据（即查询），若含有则返回逻辑真，若不含有则返回逻辑假。例如，建立链表存储4个运算符，如图7-3所示，阅读该程序脚本，说明4个指令的功能。

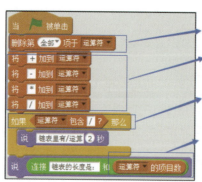

1. 删除"运算符"链表中的所有数据，此时链表为空

2. 依次向链表添加了4个数据

3. 从链表里寻找符号/，如果找到则值为"真"

4. 取得链表的长度，目前为4，然后把"链表的长度是："和4连接成一句话，并说出

图7-3　链表操作实例

7.2　路径绘制及移动

在项目4"涂鸦世界"中，我们学习了结合数学函数，使用"画笔"模块的指令在舞台上绘制各种形状的直线或曲线。这些直线或曲线也完全可以当作简易的路径，为游戏增加随机和动态的效果。

2. 绘制直线路径

7.2.1　绘制路径

① 绘制直线路径

比如我们想绘制高低不平的直线，如图7-4所示。可以让x坐标初始值为-240，让其不断增加，每增加一段（如每次增加80），y坐标则每次在（-100，100）之间取一个随机数，如此，就会在屏幕上出现有高有低的直线路径。

② 重新绘制路径

1）保存坐标数据

如果想让小猫能重走一遍这段路径，该如何实现呢？所谓重走这段路径，其实先用链表存储这段路径上一系列关键点的坐标值，然后需要时读取出来，作为小猫的位置信息，从而实现小猫重走路径。程序部分截图如图7-5所示。

3. 重走路径

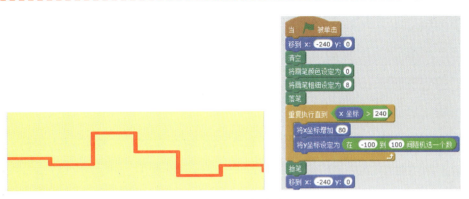

图7-4 绘制直线路径

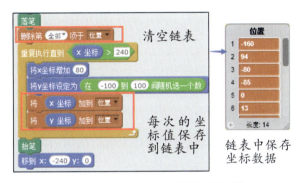

图7-5 在链表中存储坐标数据

2）重新绘制路径

想让另一个角色重走路径，需要读取链表里的坐标数据。建立变量i，初值为1，作为链表的序号。从图7-5可以分析出，x坐标对应的序号是1、3、5……都是奇数；y坐标对应的序号是2、4、6……都是偶数，因此分别用通用表达式2*i-1与2*i表示。脚本如图7-6所示，这里使用"将x坐标设定为…"和"将y坐标设定为…"。运行程序，观察小猫是否能重新绘制这条路径？

图7-6 重走路径

3）移动指令再认识

通过"动作"模块下的移动指令，除了"设定x坐标"和"设定y坐标"外，也可以直接"移到x和y坐标"。尝试把图7-6中"设定x坐标和y坐标"两条指令更改为"移到x坐标和y坐标"，那么程序运行结果如何呢？

如图7-7中的蓝色路径，为什么绘制出了斜线路径呢？显然，"移到x和y坐标"是一条指令，代表一个坐标点，所以就会在起点和终点之间绘制一条斜线线段。而指令"设定x坐标"，也指一个点，这个点的x坐标改变了，而y坐标没有改变，因此绘制了一条水平横线；同理，指令"设定y坐标"，也指一个点，设总的x坐标不变，y坐标改变，因此绘制了一条垂直竖线。这种指令之间的微小差异需要关注。

4. 移动指令再认识

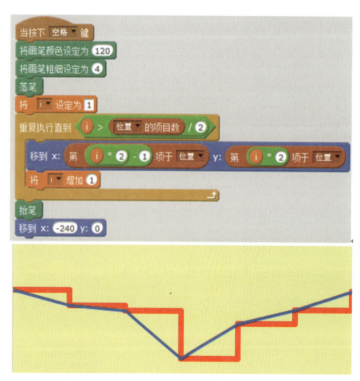

图7-7　移动指令再认识

③ 绘制曲线路径

1）保存坐标数据

在项目4"涂鸦世界"中，我们学习了如何绘制正弦曲线以及随机的曲线路径。如图7-8所示，可以将每次调用"正弦函数"过程中的x坐标和y坐标保存

5. 绘制曲线路径

到链表中。比如，某次程序运行后，链表"位置"的长度是720，表示曲线上由360个坐标点组成。当然，因为"角度"变量的初值通过随机数产生，所以链表存储坐标数据的多少也是不确定的。程序运行时某次绘制的波形图如图7-9黄线所示。

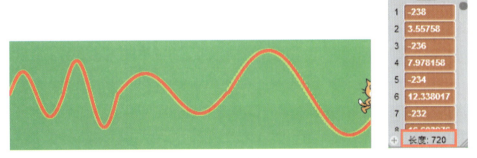

图7-8　绘制曲线

图7-9　曲线效果

2）重走路径

既然链表中存储了大量的点的位置信息，那么就可以读取这些点的坐标，重新原样绘制曲线，如图7-9所示红色曲线，对应的脚本如图7-10所示。注意：这个程序中如果用"移到x和y坐标"指令，也能达到该效果，因为链表里存储了足够多的坐标数据，点的分布密集，点和点之间的距离非常短，以致肉眼可以忽略掉斜线与水平线段或垂直线段之间的差别。

6.重走曲线路径

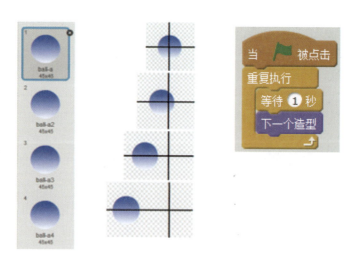

图7-10　重走曲线路径

右侧竖排文字：
链储密所种绘可
于存点，两令都
由表的集以指制以

7.2.2　一条路径移动

如果希望路径能够不断左移，该如何实现呢？这里需要先理解"擦和写"的绘制过程及其效果。

① 擦和写过程

前面我们学习过，如果多个造型位置不同，让其连续切换播放的话，就会产生动画效果。尝试绘制一个角色造型，再将其复制出多个造型，每个造型的中心点设置不同，如图7-11（1）所示，编写脚本让造型切换，你看到什么效果了呢？是不是小球在自右向左移动呢？

图7-11（1）　切换造型形成移动效果

切换下一个造型，意味着原先的造型消失，新的造型显示；当前造型再消失，新的造型再出现，再消失……所以，这其实就是一个"擦和写"的过程，即清除和绘制的过程。基于该原理，如果想让一条路径有移动效果，就可以先在一个起点上绘制路径，然后擦除；接着再在第一个起点上绘制路径，再擦除…每个起点上绘制的路径相对于一个造型，该造型绘制（写）后再消失（擦），再绘制再擦除，是不是看起来像是这条路径在移动呢？如图7-11（2）所示，显示了路径移动的过程。

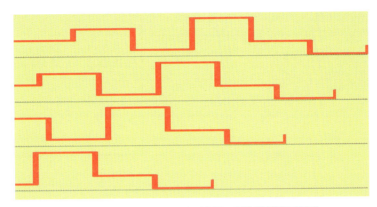

图7-11（2）　　造型切换达到路径移动效果

②　编程实现

和项目6中的场景滚动一样，这里也设置变量scrollX，该变量初值为0。依次读取链表中的x坐标，使其在原来基础上增加scrollX，即让其x坐标减小，最终在原来路径的左侧位置上绘制一遍路径；之后，scrollX再减小，又重新在左侧位置绘制一遍路径。重复这个过程，每一遍路径相当于一个造型，如此，就形成了路径不断左移的效果。参考脚本如图7-12（1）所示。将变量scrollX显示出来，观察当路径移出舞台左侧边缘时，该值为-480，因此，将"scrollX<-480"作为循环终止的条件。

建立过程"重新绘制"，传递不同的位置参数scrollX，将其和链表中取出的x坐标相加，作为新的路径的x坐标。因为在生成链表时依次保存的是每个点的x坐标和y坐标，即x坐标存储在奇数下标位置，y坐标存储在偶数下标位置，所以在读取相应坐标时，建立i变量，让i变量初值为1。每次循环中，分别取出x坐标和y坐标对应的数据。循环终止的条件是i值大于链表长度/2。该过程的脚本如图7-12（2）所示。

当 ▶ 被点击
将 scrollX ▼ 设定为 0
移到 x: -240 y: 0
清空
将画笔颜色设定为 0
将画笔粗细设定为 8
落笔
删除第 全部 ▼ 项于 位置 ▼
重复执行直到 〈 x 坐标 > 240 〉
　将x坐标增加 80
　将y坐标设定为 在 -100 到 100 间随机选一个数
　将 x 坐标 加到 位置 ▼
　将 y 坐标 加到 位置 ▼
抬笔
移到 x: -240 y: 0

初次绘制路径，将路径上点的坐标信息存储在链表里

当按下 空格 ▼ 键
将画笔颜色设定为 100
将画笔粗细设定为 4
重复执行直到 〈 scrollX < -480 〉
　将 scrollX ▼ 增加 -5
　重新绘制 scrollX
　等待 0.5 秒
　清空

显示0.5秒，擦除路径　　调用过程，绘制路径

重复"写和擦"

图7-12（1）　路径的绘制和擦除

定义 重新绘制 scrollX
落笔
将 i ▼ 设定为 1
重复执行直到 〈 i > 位置 ▼ 的项目数 / 2 〉
　将x坐标设定为 第 i * 2 - 1 项于 位置 ▼ + scrollX
　将y坐标设定为 第 i * 2 项于 位置 ▼
　将 i ▼ 增加 1
抬笔
移到 x: -240 y: 0

图7-12（2）　建立过程，绘制路径

　　运行程序观察效果，是不是路线的左移不是很流畅？其实，可以设置重新绘制的过程为"运行时不刷新屏幕"，方法是在"更多积木"模块中找到过程，右击后执行"编辑"命令，得到如图7-13所示的界面。再运行程序，观察路径的移动效果，是不是流畅很多了呢？

7. 一条路径移动

图7-13 设置过程运行时不刷新屏幕

7.2.3 一条路径重复移动

上例实现了一条路径自右向左移动，起初路径绘制在舞台上，当路径移出舞台时，即 scrollX < -480时，如果想让其再回到舞台右侧边缘，那么需要让链表重新存储新的路径坐标数据，第一个点的x坐标初值为240，即舞台右侧边缘。之后，继续绘制路径，这次相当于起初的路径在舞台右侧边缘不断左移，当移出舞台时，相当于移动了两个屏幕宽度，即scrollX < -960时，再次产生链表数据，如此重复这个过程。

① 生成路径过程

建立链表"位置1"，作用范围选择"适用于当前角色"即可。在程序运行时，需要先生成路径坐标数据且保存在链表"位置1"中。因为路径起初需要绘制在舞台上，所以其最左侧的起点设置为（-240，0），即x坐标从-240开始。当路径移出舞台左侧边缘，需要重新回到右侧边缘，即此时的起点为（240，0），x坐标从240开始。

所以，这里用flag变量来作为区分标记，当flag=0时，startX=-240，反之，startX=240。因为在程序中需要多次产生坐标数据，因此将这段程序脚本写在过程里，名称为"产生表"。其中用到的变量是flag、startX、changeX，设置为"适用于当前角色"即可。程序脚本如图7-14所示。

8. 生成路径

图7-14　"产生表"过程

②　绘制路径过程

绘制路径主要是设置好笔的颜色和粗细后，从链表"位置1"中把坐标信息逐个读取出来，并落笔绘制，直到将链表中的所有位置信息读完，则路径绘制完成。

因此程序中也需要多次"绘制路径"，所以，可以建立"绘制路径"过程，在该过程中，传递参数scrollX，逐个取出链表中的x坐标，并与该变量相加。scrollX不断减少，因此绘制的路径起点不断左移。程序脚本如图7-15所示。

9. 绘制路径

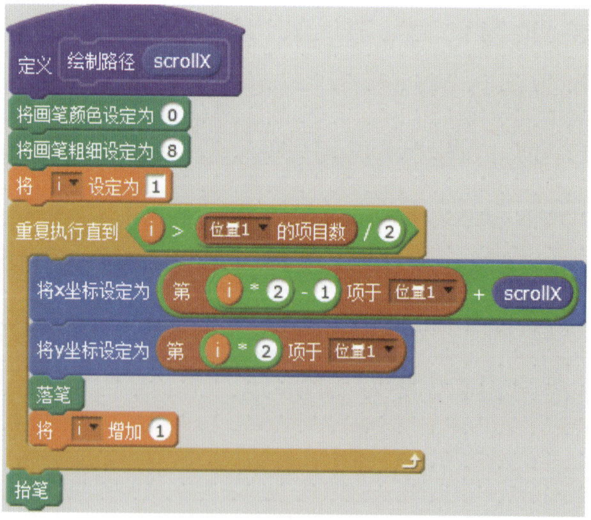

图7-15　"绘制路径"过程

③ 绘制初始路径

当程序运行时，在舞台上先绘制出一段路径，为此，需要先清空舞台，依次调用"产生表"和"绘制路径"两个过程，将flag和scrollX初值设置为0。脚本如图7-16所示。

图7-16　绘制初始路径

④ 重复绘制路径

重复绘制路径，也就是重复调用"绘制路径"过程，每次重复让变量scrollX减小。那么该重复何时终止呢？如果该路径首先显示在舞台上，即x坐标为-240，那么当其移出舞台到达右侧边缘外时，相当于移动了一个舞台屏幕（宽度为480像素），对应的scrollX变量从0不断减少到-480，因此，此时判断的条件是scrollX < -480。但此后开始，路径需要从舞台右侧边缘开始，不断左移直到移出舞台左侧边缘，相当于移动了两个舞台宽度，所以判断条件是scrollX < -960。因此，这里通过flag来做判断，让value分情况取值。程序脚本如图7-17所示。

10. 一条路径重复移动

图7-17　分情况判断重复终止条件

当路径移出舞台左侧边缘时，就将变量flag设置为1，并且调用"产生表"过程，链表"位置1"中就有了新的坐标数据。当按下空格键时，重复这个过程，就会看到路径自左向右不断移动。脚本如图7-18所示。

图7-18　重复绘制路径

⑤ 让路径流畅移动

运行程序，观察路径移动效果，是不是发现路径移动时一闪一闪的？这是因为路径反复地绘制和清除，属于正常现象。但是我们可以稍加改善。除了在建立"绘制过程"时设置"运行时不刷新屏幕"，还可以单击 "编辑"→"加速模式"命令，再运行程序，路径移动时是否更加流畅一些？当然，绘制路径后等待的时间多少也会改变闪动的频率，可以根据需要设置等待时间。

7.2.4　两条路径重复移动

与项目6中的场景移动类似，如果想让屏幕上的路径不间断出现，则需要再建立一个"路径2"角色，让该角色也重复绘制路径。"路径2"的初始位置在舞台右侧边缘即可，即链表第一个坐标数据是（240，0），当按下空格键后，从右侧开始向左移动，直到移出舞台左侧边缘，相当于移动了两个舞台宽度，因此，与"路径1"的后续移动过程相同。

① 绘制"路径2"

将"路径1"角色复制后，新的角色名称自动改为了"路径2"。在"路径2"角色中建立变量scrollX，适用于当前角色，设置初值为0，建立value和changeX变量，同样适用于当前角色。

不需要建立变量flag和startX，因为"路径2"与"路径1"不同，程序开始时不需要先出现在舞台上。

此外，还需要建立一个"适用于当前角色"的链表"位置2"，保存"路径2"的坐标数据。

1）生成路径过程

"路径2"产生数据的过程比"路径1"稍微简单一些，value值不需要分两种情况设置，参考脚本如图7-19（1）所示。

11. 两条路径重复移动

图7-19（1）　产生"路径2"数据

2）绘制路径过程

"路径2"绘制路径过程与"路径1"角色完全一样，参考脚本如图7-19（2）所示。

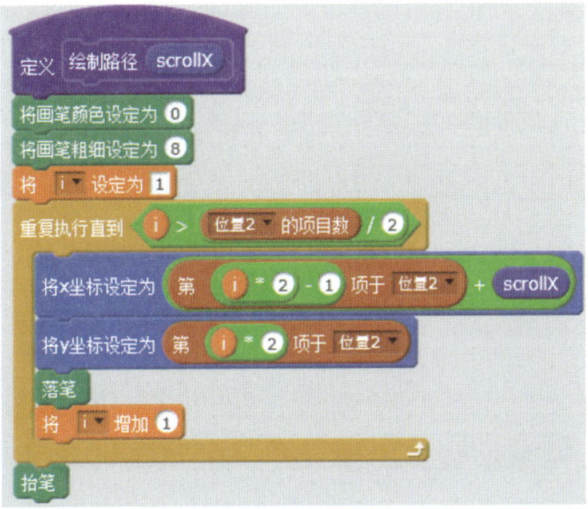

图7-19（2）　绘制路径过程

3）重复绘制路径

当单击绿旗程序开始时，让角色隐藏即可。当按下空格键时，先调用"产生表"过程，让"位置2"链表中保存路径坐标数据。之后将scrollX设置为0，进入重复结构，将其减少5，并作

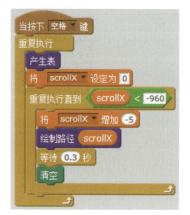

为参数传递给过程"绘制路径"，路径绘制好后显示0.3秒就被清空，再重复刚才的绘制过程，直到scrollX < –960，即路径移出了舞台。又重新调用"产生表"过程，产生新的坐标数据，回到舞台右侧。脚本如图7-19（3）所示。

运行程序，观察路径是否能重复移动。移动过程如果不流畅，可将"绘制路径"过程设置为"运行时不刷新屏幕"，并且单击"编辑"菜单开启"加速模式"，同时适当修改scrollX值与等待时间。

图7-19（3）　重复绘制"路径2"

② 青蛙跳跃

既然实现了路面随机不断地滚动，再加上角色"青蛙"，让其在空格键的控制下跳起。一旦青蛙碰到红线，游戏就结束。有关角色跳跃在项目5《跳跃的小鸟》中已经有详细介绍，这里可以把该游戏中的小鸟造型连同角色上的程序导入进来，方法如下：

1）保存角色

打开"跳跃的小鸟"文件，选中小鸟角色，右击，"保存到计算机"后，确定其存储位置，文件名会在角色名后面加上.sprite。比如，"小鸟"角色保存后的文件是"小鸟.sprite"，如图7-20（1）所示。

2）上传角色

打开"青蛙跳跃"文件，在角色区单击"从本地文件中上传"，找到刚刚保存的文件，打开能看到小鸟的造型和脚本，如图7-20（2）所示。找到该角色造型，将其换成青蛙即可。

12. 重用角色造型及脚本

再修改青蛙角色上的脚本，如图7-21所示。

③ 昆虫出现

为了增加游戏的趣味性，假设在动态路径上，有一只昆虫走来走去，时隐时现，青蛙跳跃过程中希望能吃到昆虫，碰到一次昆虫，就让得分增加1分。但是吃昆虫也有风险，在这个过程中

一旦碰到红色的路线，那么游戏就结束。昆虫角色的脚本如图7-22所示。

图7-20（1） 保存角色

图7-20（2） 上传角色

图7-21 青蛙跳跃

图7-22 昆虫出现并移动

13. 青蛙跳跃昆虫出现

多次运行程序，看看程序中是否还有什么不足之处，及时修改和调整。至此，动态路径重复移动的程序就完成了。相信你一定有很多收获，加油！

7.3 《贪吃蛇》游戏设计与实现

《贪吃蛇》是一款经典好玩的小游戏，游戏规则很简单，主要有两点：一是蛇可以上下左右4个方向移动，吃掉尽可能多的食物，让自己的身体变得越来越长；二是避免碰到自己的身体或者障碍物。虽然游戏规则简单，但是玩家需要集中精力，稍有不慎，游戏就会结束。当然，很多开发者也制定了更多丰富的规则，比如，限定时间、加障碍物，等等。下面开始学习《贪吃蛇》游戏的设计和制作，其界面如图7-23所示。

 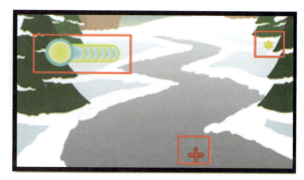

图7-23 《贪吃蛇》游戏各种界面

7.3.1 需求分析

① 功能描述

时间： 时间不限

地点： 草丛或地面

人物： 贪吃蛇、食物

起因： 小蛇要想变长，需要吃掉尽可能多的食物，于是小蛇就到处寻找食物。

> **经过：** 小蛇在方向键的控制下朝着上下左右4个方向移动，到处寻找食物，当碰到食物时，蛇身加长一截，食物隐藏并在新的位置再次出现；障碍物也会时不时地出现并移动。
>
> **结果：** 小蛇碰到食物时，得分增加；碰到自己或者舞台边缘或者障碍物时，游戏终止。

② 词性分析

1）找名词和动词，确定角色和行为

根据功能描述，找到的名词有草丛、地面、小蛇、食物、方向、蛇身、边缘、障碍物，动词有变长、吃掉、寻找、移动、碰到、出现。为这些动词找主语，如小蛇变长、吃掉、移动、寻找，食物出现，障碍物出现。所以，把具有动作行为的名词作为角色，包括小蛇、食物、障碍物，其他草丛、地面等名词可以作为背景图片。

2）找数据和关系，确定变量和逻辑

根据功能描述，与数据有关的是：4个方向、加长、时不时、得分，目前看需要保存的数据是得分。因此，初步需要建立"得分"变量。

与逻辑有关的是：条件结构（如，当碰到自己的身体时，游戏结束；当碰到舞台边缘时，游戏结束；当吃掉一个食物时，蛇身就加长一截），循环结构（比如，障碍物时不时出现且移动）。角色之间的关系是：当小蛇碰到食物时，食物就隐藏，并在新的位置上出现，因此，需要建立广播通知食物隐藏。

7.3.2 总体设计

根据项目功能和词性分析，游戏中的角色主要是小蛇、障碍物和食物，此外由于小蛇每吃掉一个食物，蛇身加长，所以蛇身也作为角色，以便复制。小蛇可以上下左右4个方向移动。具体分析如图7-24所示。

根据总体设计来看，运用之前学到的知识，《贪吃蛇》游戏的大部分功能都可以实现，关键问题是：如何让舞台上移动的贪吃蛇能实时、动态地变长？也就是说，吃掉一个食物，蛇身马上加长一截，这需要用"克隆"或"图章"来实现。

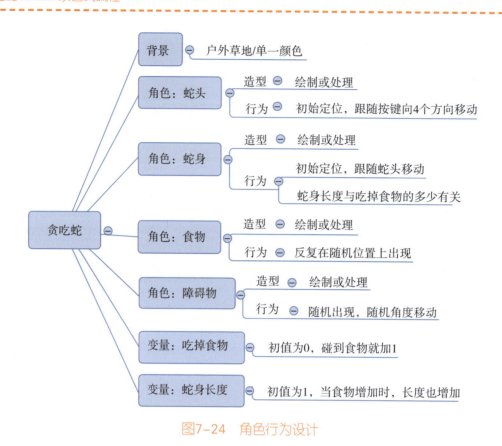

图7-24 角色行为设计

7.3.3 编程实现

① 添加角色造型

图7-25 角色列表

添加角色"蛇头""蛇身""食物"和"障碍物"等，对其进行适当缩放。其中为蛇头造型添加了一双眼睛。注意，角色的命名尽量规范，能够见名知意。角色列表如图7-25所示。

② 蛇头行为

1）上下左右移动

可以让蛇头在4个方向键的控制下移动，程序脚本如图7-26（a）所示，面向鼠标移动，程序脚本如图7-26（b）所示，根据自己的需求来编程。

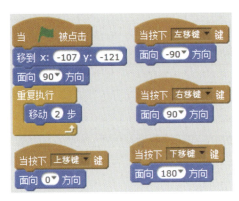

图7-26（a） 按键控制蛇头移动　　　图7-26（b） 蛇头面向鼠标移动

2）各种情况处理

蛇头在移动的过程中，可能会碰到食物，或者障碍物，或者自身（侦测蛇身的颜色），或者舞台边缘。这里需要建立两个变量，分别是"吃掉食物"和"蛇身长度"，初值分别是0和1，即默认有一个蛇身。当蛇头碰到食物时，两个变量分别加1；当碰到障碍物或自身（侦测颜色）或者舞台边缘，游戏就停止。脚本如图7-27所示。

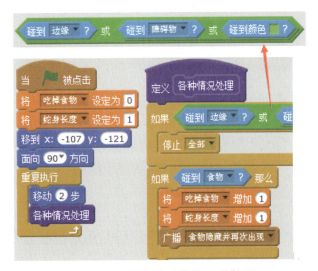

图7-27 蛇头遇到各种情况处理　　　14. 蛇头行为

③ 食物行为

当单击绿旗时，食物在随机位置上出现；后来，当被蛇吃掉后（即碰到）后，接收到了广播，就隐藏，并在新的随机位置上出现。对应的脚本如图7-28所示。

图7-28 食物随机出现

15. 食物行为

④ 障碍物行为

为增加游戏的难度，贪吃蛇在寻找食物时还要躲避障碍物。当单击绿旗时，让障碍物等待随机时间后，再在随机位置上出现，并向右旋转随机角度之后可以重复移动，当碰到舞台边缘时反弹。脚本如图7-29所示。

图7-29 障碍物行为实现

⑤ 蛇身跟随蛇头

假设小蛇吃食物前有一个蛇身的话，那么这个蛇身的初始位置需要在蛇头后面，且能紧跟蛇头移动。因为Scratch角色默认方向朝右，所以可以将蛇头造型的中心点设置在左侧位置，这样当蛇身跟随蛇头时，就可以跟随到此中心点的位置。脚本如图7-30所示。

当蛇头吃掉一个食物后，蛇身会随之增加一截。也就是说，蛇身的多少与吃掉食物的多少有直接关系。蛇身由少变多，显然需要复制，实现的方法可以通过克隆，也可以通过图章，下面分别用两种方法来实现蛇身变长。

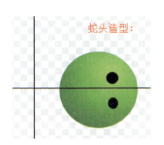

图7-30 蛇身跟随蛇头移动　　　　　　　16.蛇身跟随蛇头

⑥ **蛇身变长——用克隆实现**

在学校里，我们是不是经常和同学一起跳大绳呢？如图7-31所示。

图7-31 跳大绳游戏　　　　　　　17.克隆实现蛇身加长

如果想让同学们轮流跳，并且绳上每次只有一个人跳，想想实际中是怎么做的呢？是不是一个人上绳，跳一下后赶紧下来，另一个人再上绳跳，再下来……这样一来，我们看到的是绳子上始终有一个人在跳。同理，如果想让绳上每次有2个人同时在跳，实际中又是如何实现呢？第一个人先跳一下，第2个人上绳后，两人同时跳一下，这样第一个人一共跳了两下，下绳，第3个人再上绳，与第2个人同时跳一下，第2个人此时一共跳了两下，再下绳……如此反复，绳子上始终有2个人在跳。

1）算法分析

可以把动作"准备上绳"看作开启克隆，动作"下绳"看作是删除克隆体。如果想始终显示一个蛇身在移动，那么要确保克隆体产生的速度和删除克隆体的速度相同；如果想显示两个蛇身，那么删除克隆体的速度要慢一些，产生克隆体的速度则要快一些，可以用等待时间来代表速度，那么克隆体删除的时间应是产生时间的2倍，才能确保两个蛇身在移动；同理，如果想显示

m个蛇身，那么只要确保删除克隆体的时间间隔是产生克隆体时间间隔的m倍即可。

2）编程实现

顺着这个思路，在程序中建立变量"克隆体产生的速度"，初值假设为0.3，将其作为产生克隆体的时间间隔，即每0.3秒克隆一个；当克隆体启动后，删除克隆体的时间可以通过运算来取得。因为，该例子中默认已经存在一个蛇身，即蛇身长度初值为1，所以删除克隆体的等待时间为"（蛇身长度–1）*克隆体产生的速度"。程序脚本如图7–32所示。

图7–32　用克隆实现蛇身变长

运行程序观察效果，是不是吃掉一个食物后，蛇身长度变量增加了1，显示的蛇身造型也增加了一截？如果是这样，则说明程序功能实现了。调试时，有可能发现蛇身造型离蛇头距离有些远，这种情况与蛇身移动速度、蛇身长度以及克隆体产生速度等都有关系，试着调整这些数据以找到合适的数值。另外，像路径重复移动中闪动效果一样，蛇身在移动时也有一闪一闪的效果，这是因为蛇身不断地在新的位置上产生和消失……

7 蛇身变长——用图章实现

到现在为止，我们知道，要想让某些角色移动起来，并非只能靠"动作"模块里"移动多少步"或者"让坐标增加"等指令实现。其实还可以利用"克隆"与"消失"的时间差来实现角色的模拟移动，当然也可以利用"图章"结合链表来实现。

18. 使用图章算法分析

具体过程如图7–33所示，有红球和空白球两个造型，当自上向下轮流切换造型时，我们看到的似乎是两个红球在自左向右移动，但实际上两个红色球并没有执行移动指令，之所以出现类似移动的效果，是因为自上而下造型中红球的位置不同。仔细观察每个造型与前一个造型，在右侧位置产生新的红色球，在左侧位置产生空白球。为了编程实现这一过程，需要将新位置和旧位置的坐标存储在链表中，并且设置两个造型：蛇身和空白蛇身。

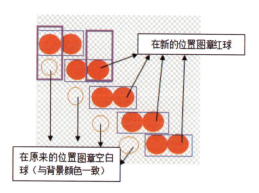

图7–33　蛇身图章过程

1）算法分析

　　建立两个链表，分别存储蛇头每次的x坐标和y坐标。蛇头每移动一次，就将此时的x坐标和y坐标分别存储在两个链表中；之后取出坐标数据，作为蛇身图章的新位置，即绘制（写），并在原有位置上图章空白造型，即擦除，如图7-34所示。

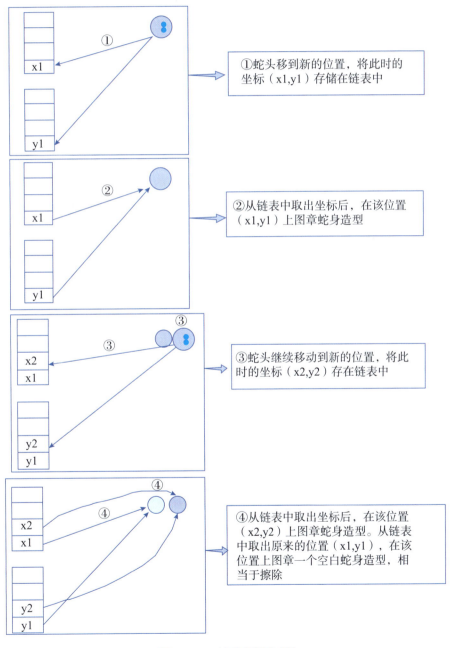

①蛇头移到新的位置，将此时的坐标（x1,y1）存储在链表中

②从链表中取出坐标后，在该位置（x1,y1）上图章蛇身造型

③蛇头继续移动到新的位置，将此时的坐标（x2,y2）存在链表中

④从链表中取出坐标后，在该位置（x2,y2）上图章蛇身造型。从链表中取出原来的位置（x1,y1），在该位置上图章一个空白蛇身造型，相当于擦除

图7-34　蛇身图章过程

判断蛇身长度的值，如果是1，需要把链表中的x1和y1删除掉；如果蛇身长度为2，则链表不需要删除数据。让每个链表的长度与蛇身长度变量保持一致，如图7-35所示。

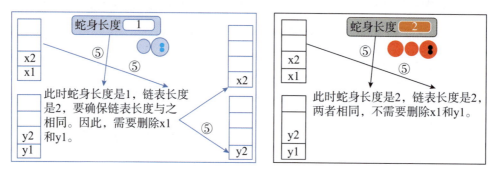

图7-35　蛇身长度与链表数据一致

蛇头继续移到新的位置，并把此时的坐标（x3，y3）存储到链表中，如图7-36所示。

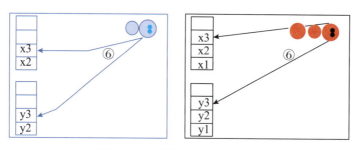

图7-36　继续存储蛇头位置

取出链表中最新坐标（x3，y3），在该位置上图章蛇身造型，取出链表中最底端的（x2，y2）坐标在该位置上图章蛇身空白造型。如图7-37左图所示，由此看到的是始终一个蛇身在跟随蛇头移动，如图7-37右图所示，取出的最底端坐标是（x1，y1），在该位置上图章空白造型，由此看到的是始终有两个蛇身在跟随蛇头在移动……

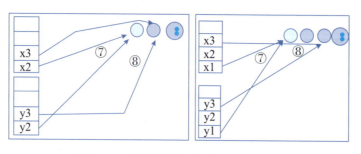

图7-37　图章蛇身造型与空白造型

2）编程实现

根据算法分析可知，蛇头不断向前移动，并将最新的x坐标和y坐标存储在两个链表中，之后，发送广播给蛇身并等待。蛇身收到广播后，负责3件事：一是取得第1项（即最底端）对应的x和y坐标（旧坐标），并在该位置图章空白造型；二是取得最末尾项（即最顶端）对应的x和y坐标（新坐标），并在该位置图章蛇身造型；三是确保链表的长度等于变量"蛇身长度"，如果不等于，就需要及时删除。蛇身做完这三件事后，蛇头再移动，再广播……如此循环，程序脚本如图7-38所示。

19. 使用图章编程实现

图7-38 蛇头和蛇身脚本

运行程序，观察程序效果和预想的是否一致，进行相应的调试。

7.3.4 方法比较

用克隆和图章都可以实现贪吃蛇蛇身变长，那么这两种方法的异同点有哪些呢？

克隆是利用克隆体产生和消除的时间差，使得呈现出来的蛇身长度有所不同。图章是在旧的位置上复制空白造型（与背景颜色一致），在新的位置上复制蛇身造型，实现"擦和写"。这种方法需要用链表来存储蛇头新的位置和原来的位置，并且要求背景是纯色的，因为蛇身有一个空白造型，需要与背景颜色一样，从而起到橡皮擦的作用。而克隆方法对背景没有限制。但是因为克隆体类似于角色，需要占内存空间，所以相对图章方法而言，其内存消耗会大一些。所以，两种方法各有优势，按自己的需求选用即可。

7.4　造型和代码复用

在Scratch目前的版本中，只支持一次打开一个文件，如果多个程序之间要重复使用某个角色或者脚本，就无法直接复制和粘贴，但是可以通过下列方法来实现复用问题。在7.2.4节青蛙跳跃中学习了如何复用角色（包括造型和脚本），这里再介绍如何复用造型以及声音。

20. 造型及声音复用

7.4.1　造型复用

如果只想复制角色的造型，方法如下：单击角色后，找到其对应的造型，并将鼠标指针移到其上方，右击，选择"保存到计算机"命令，设置好保存的位置，单击"保存"按钮，文件默认的是.svg格式（一种图像文件格式）。同理，如果要使用该文件，就在角色的造型区，单击"上传新文件"后，将该文件上传，就可以作为一个造型来使用了。

7.4.2　声音复用

除了角色、造型可以重复使用外，声音库中的声音也可以下载使用。首先选中某个角色中的声音文件，右击，选择"保存到计算机"命令，确定好保存的位置后，单击"保存"按钮，保存的文件格式默认为.wav格式。待需要重复使用时，再单击"上传新文件"即可。

7.5 本章小结

　　在很多游戏作品中，需要保存和获取大量的数据，这时链表就是很好的选择。本章在"路径移动"案例中，用链表存储路径上点的坐标数据，并多次更新生成链表数据；在《贪吃蛇》游戏中，用链表存储蛇头每次移动的位置数据，根据蛇身长度变量来读取相应的坐标数据，作为蛇身造型和空白造型图章的位置。

　　链表虽然能存储大量数据，但是其有效期仍然是程序运行期间。一旦该程序运行结束，链表中的数据将丢失。在Scratch 3.0中预计增加云变量功能，就会永久存储数据，比如：上次玩家的得分、统计历史最高分等，我们期待Scratch 3.0新版本的正式发布！

项目8　智能小项目

8.1　人工智能与传感器

最近几年，在各行各业，人工智能都受到了普遍重视和发展，给人们的生产生活带来了极大便利。简单地说，人工智能就是利用各种技术拓展人的功能。比如，初级阶段的运算智能，让机器"能存会算"；中级阶段的感知智能，让机器"能听会说，能看会认"；高级阶段的认知智能，让机器"像人一样能理解会思考"。

8.1.1　身边的人工智能

① 人脸识别

人脸识别是基于人的脸部特征信息进行身份识别的一种生物识别技术，这种技术像人的眼睛一样能将计算机的图片和实际人物对比，相比指纹、密码等技术，有更高的安全性，因此，广泛应用于金融行业的门禁、考勤，考生身份识别、学生门禁系统，机场安检处的身份识别等等。

② 语音识别

语音识别技术在生活中随处可见。车载导航系统，只要说出要去的地方，导航就可以按照要求给出最优路线；对着遥控器说出电视剧的名字，电视就会自动播放节目；只要说出朋友的名字，手机就可以从电话簿中搜索出朋友的电话号码……这种 "能听会说"的功能大大方便了人们的生活。

③ 无人驾驶

在2018年的春节联欢晚会上，比亚迪与百度公司强强联手，推出了一大批无人驾驶汽车，在港珠澳大桥上大秀车技，代表着人工智能新时代的到来。这种技术像人的眼睛一样能识别车道线、进行盲区检测、感知前车距离等，进而来判断决策行程路线。

所以说，人工智能技术大概分为3个环节：感知、决策和执行。其中感知是基础，感知周边的温度、湿度、距离、音量、图像等，作为数据被收集到计算机中，并分析数据，为后期的决策和行动做依据。那么计算机如何能感知并获取到这些数据呢？这需要传感器的帮助。

8.1.2 常用传感器

人们为了从外界获取信息，必须借助感觉器官，而人们自身感觉器官的功能会受到时间、空间、能力等的限制，为此，需要通过传感器来拓展功能。如光敏传感器（视觉）、声敏传感器（听觉）、气敏传感器（嗅觉）、化学传感器（味觉）以及压敏温敏（触觉）传感器等，它们本质上是物理元器件，其体积越来越小，性能越来越强，同时成本越来越低。所以，这些传感器应用很广泛。下面结合智能手机，来认识手机中的传感器及其应用，图8-1是网上3种传感器售卖详情的截图。

图8-1 光线传感器、距离传感器、加速度传感器

① 光线传感器

几乎所有的手机都内置了光线传感器，试一试，分别把手机放在室内房间里和室外强光下，观察屏幕的亮度，在室外强光下屏幕是不是更亮了？这是因为光线传感器检测到室外强光，为了让人能看清楚手机屏幕内容，必须增加荧屏的亮度。所以说，光线传感器类似于人的眼睛，眼睛可以通过"张"和"眯"调整进入光线的多少，光线传感器也有这种自动调节功能。

② 距离传感器

距离传感器位于手机的听筒附近，当手机靠近耳朵时，距离传感器检测到手机与用户很近，可以知道用户在通电话，这时手机会关闭显示屏，以防止用户因误操作而影响通话，而当手机远离耳朵时，距离传感器也能检测到距离变远，于是就打开显示屏背景灯。

③ 加速度传感器

打开微信中的"摇一摇"，晃动手机可以搜索到附近的人或者搜索歌曲；这里的"摇一摇"运用的是加速度传感器，它可以检测到x、y、z三个方向上的加速度值，测算出瞬时加速或减速的数据；利用"微信运动"之所以能统计出每天行走的步数，也是利用的加速度传感器。此外，手机里也可能内置了GPS接收传感器、声传感器、温度传感器等，如果感兴趣，可以到网上搜索了解。

8.1.3 Scratch智能侦测

Scratch可以外接硬件，包括各种传感器。

展开Scratch 2.0中"更多积木"指令块里的"添加扩展"，显示了支持的外接硬件设备，如图8-2所示。在Scratch 3.0会支持更多的硬件。如：Micro：bit主板，乐高WeDo和乐高EV3等。在这些硬件设备上接上传感器，就可以从外界获取到数据，并编程对数据进行处理，从而控制元器件的状态。比如，用光线传感器获取室内光线强度，当小于某个数值时，就让设备上的彩色灯亮起；或者用温度传感器读取室内的温度，如果温度高于某个值，就让设备上的风扇转起来等。

您如果感兴趣，可以购买Scratch支持的主板，体验智能侦测与控制。

图8-2　Scratch外接设备

除了外接硬件设备外，Scratch也提供了一些模拟传感器的指令，在"侦测"模块下，有碰到颜色、碰到边缘、距离侦测、音视频侦测等，用这些指令可以开发出智能有趣的小游戏。

8.2　距离侦测及应用

8.2.1 《大鱼吃小鱼》功能描述

海底世界弱肉强食，时不时会有鲨鱼等海底霸王出现，小黄鱼不敢惹它们，只能提高警惕，一旦侦测到离它们很近，就赶紧离开；为了强大自己，小黄鱼不得不吃掉比自己个头小的鱼。每吃掉一条，就长大到原来的1.2倍；若碰到比自己大的鱼，就被大鱼吃掉，分数减少，大小减少。

运用词性分析法，该游戏中需要作为角色的是小黄鱼、其他鱼（大鱼和小鱼）、鲨鱼。其角色行为设计如图8-3所示。

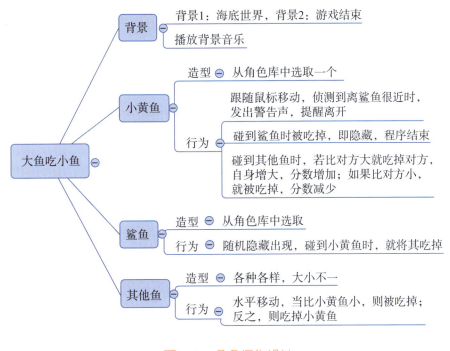

图8-3　角色行为设计

8.2.2　功能编程实现

这里主要用到"侦测"模块下的"侦测距离"和"侦测角色大小"指令。

① 小黄鱼距离侦测

"侦测"模块下有"到……的距离"指令，可判断两个角色之间的距离是否小于某个值，如果小于，则说明鲨鱼就在附近，播放提示音，小黄鱼赶紧离开。这里的90不是固定的数，由于角色大小不同，在编程时需要确定合适的距离，如图8-4所示。

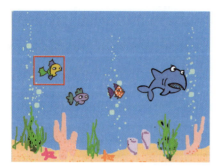

图8-4　小黄鱼距离侦测

②　其他鱼儿克隆

添加一个角色，在造型中添加多个种类的鱼儿。当程序开始运行时，随机切换造型并克隆自己。当克隆体启动时，每个克隆体的大小可以设置，比如取值范围为（5～40），表示克隆体最大是原来的40％，即0.4倍，最小是原来的5％，即0.05倍，在这个范围内取随机数，这样确保鱼儿有大有小，且都比原来的角色小，如图8-5所示。

图8-5　其他鱼儿克隆

③　比较鱼儿大小

当小黄鱼和其他鱼互相碰到的时候，需要比较自身与对方的大小，如果小黄鱼比对方大，那么小黄鱼会把对方吃掉，分数增加10，大小增加到原来的1.2倍，对方消失；如果自身比对方小，那么分数减少10，大小减少到原来的80％，如图8-6所示。该段脚本写在角色"其他鱼儿"的"当克隆体启动"事件中。当然也可以写在"小黄鱼"上，但要注意"其他鱼儿"克隆体要等待一会儿再删除。

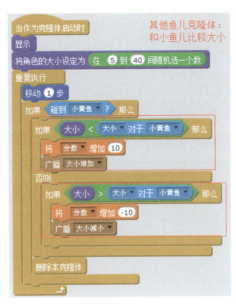

图8-6　其他鱼儿克隆体比较大小

? 思考：当其他鱼儿与小黄鱼大小相等时，程序会做什么处理呢？显然，当其他鱼儿克隆体小于小黄鱼时，分数增加，否则（意味着大于或等于），继续判断，如果大于小黄鱼，则分数减少。当两者相等时，什么都不做，既不加分也不减分。这种条件分支里又包含条件判断的结构叫做"嵌套"。小黄鱼角色上的脚本如图8-7所示。

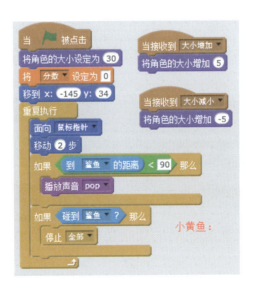

1. 小黄鱼脚本

图8-7　小黄鱼角色脚本

运行并调试程序，也可以运用所学到的内容，加上自己的创意，来编程实现！

8.3 音视频侦测及应用

图8-8 音视频侦测指令

你玩过体感游戏吗？我们不需要拿任何的控制装置，只需要让摄像头能捕捉到我们的肢体动作，就可以控制游戏角色的动作，仿佛置身在真实的游戏世界中。Scratch"侦测"模块中的"响度"和"视频"指令可以侦测周边的音量和视频动作，运用这些侦测指令可以制作出好玩的体感游戏，指令如图8-8所示。

8.3.1 音视频侦测指令

① 响度侦测

用响度指令可以侦测到环境声音的大小，其最大值为100，最小值是0。选中"响度"复选框，可以把侦测到的响度值实时显示在舞台上。用这个功能可以做一个音量提醒程序，如果周边音量大于70，那么舞台上显示"声音太大"的提示。

有两种方法来实现这个功能：一种方法是在"重复执行"下判断"响度"值，只要大于一定的值就提醒；另一种方法是使用"事件"模块下的"当响度大于多少"的指令，该指令可以重复执行。参考脚本如图8-9所示，运行程序并测试效果。

图8-9 音量提醒的两种方法

② 视频侦测

制作体感游戏，需要借助摄像头来捕捉人的肢体动作，因此首先要确保计算机安装了摄像头（笔记本电脑和一体计算机通常都有内置摄像头，普通台式机需要外接一个摄像头）。利用摄像头捕捉人物动作的幅度或方向，获取到相应的数据后，在程序中进行判断和处理，进而控制角色的各种动作，实现人机交互的功能。对应的指令如图8-10所示。

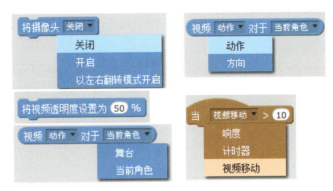

图8-10   视频侦测相关指令

1）摄像头开启和关闭

使用摄像头前，应该将其开启，之后可以设置画面透明度，100%为完全透明，0%为不透明。使用完后，可以将摄像头关闭，如图8-11所示。

2）侦测视频数据

图8-11   摄像头开启和关闭

通过"视频动作对于当前角色"指令的下拉选项可以侦测到舞台上或当前角色上的动作，侦测的内容包括视频动作的幅度大小和视频动作的方向。选择"视频动作对于当前角色"的指令，观察舞台上该值的变化。可以发现，动作幅度的数值范围为0～100，动作方向的数值范围为-180～180。

8.3.2   体感小游戏制作

① 体感切水果

利用侦测到的视频动作的数据，可以制作简易版的切水果游戏。添加苹果角色，将其已有造型复制，并且用橡皮从中间擦掉，形成一个被切水果的造型。当侦测到苹果角色上的动作幅度大于50时，就切换水果造型，并播放声音，最后删除克隆体。参考脚本如图8-12所示。

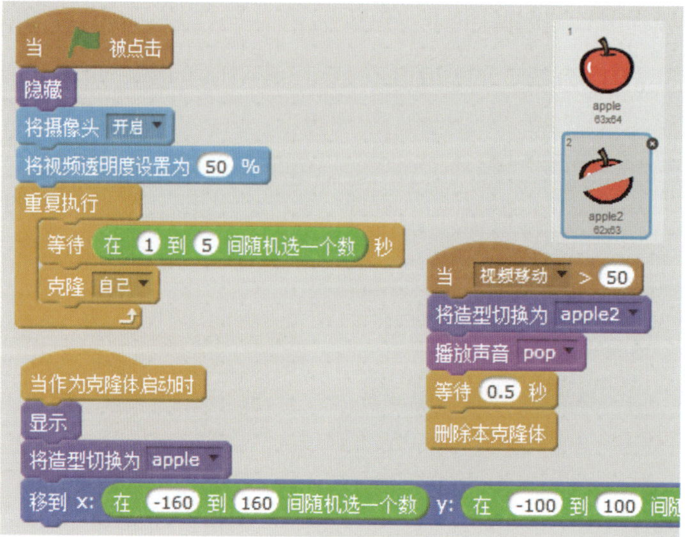

2. 体感切水果

图8-12 简易版切水果游戏——方法1

还可以利用"事件"模块下的"当视频移动大于"指令，与侦测响度事件一样，它可以重复执行，因此，图8-13中两个红色框内的脚本是等价的。"在……前一直等待"指令，也是一个重复执行结构，只不过它没有具体执行指令，而是在重复判断条件。只要条件不成立，就一直重复判断，如果满足条件，那么就终止重复，继续往后执行。

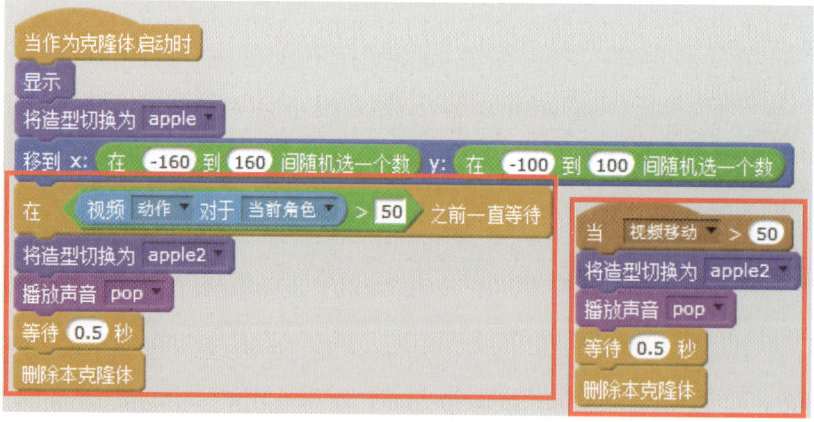

图8-13 简易版切水果游戏——方法2

在该游戏中，我们可以添加一个按钮角色，当单击角色时，关闭摄像头，终止程序运行。在"事件"模块中，有"当角色被单击时"事件可以使用，也可以用"侦测"模块下的"碰到鼠标指针和鼠标键被按下"指令组合来实现。参考脚本如图8-14所示，两段脚本实现的功能等价。

图8-14　两种方法实现单击按钮

② 体感拍球

除了可以侦测到舞台或角色上的动作幅度外，还可以侦测到视频的方向。利用方向数据，可以让角色按照人的手势移动起来。让球拍随着手势改变方向，当手势在y轴右侧，即对应的角度在0～180°范围内，那么让球拍面向60°；当手势在y轴左侧，即对应的角度范围是-180°～0时，让球拍面向-60°。同时让球拍左右移动，脚本如图8-15所示。

图8-15　侦测手势方向

复习一下Scratch的方向约定，如图8-16（1）所示。基于此，再来认识网球拍上的视频侦测角度，如图8-16（2）所示。球拍上的脚本如图8-16（3）所示。

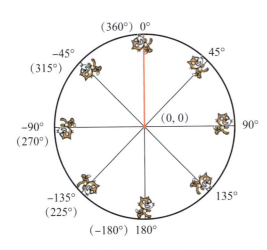

图8-16（1）　Scratch方向约定

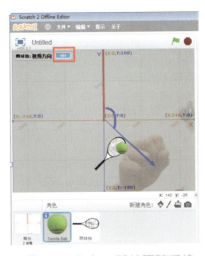

图8-16（2）　球拍跟随手势

图8-16（3）　球拍角色上的脚本

当球拍改变方向后，如果碰到了网球，那么网球的方向就可以在一定范围内随机选取，并发送"移动"消息，网球收到消息后就按照设定的方向移动，若碰到边缘则反弹。如果网球移动时没有被球拍接住并且y坐标小于-140，那么程序就终止。当然还可以增加计分和倒计时功能，把以前学习的知识灵活运用。网球上的脚本如图8-17（1）所示。

这里，通过侦测指令"方向对于网球拍"，可以取得球拍的方向。除此之外，还可以侦测到其他角色的x坐标、y坐标、造型编号、名称、大小、播放声音的音量大小等，也可以侦测到舞台上的背景编号、背景名称和播放声音的音量大小，如图8-17（2）所示，这些指令在编程时也经常会用到。

图8-17（1）　球拍角色脚本　　　　图8-17（2）　侦测信息

③ 体感卡丁车

在这款游戏中，很多灰色方框从空中落下，通过人体手势移动小车来接住方框，如图8-18所示。通过侦测舞台上视频的方向来控制卡丁车左移还是右移，侦测舞台上视频的动作幅度控制卡丁车移动的步数，即动作幅度大，小车移动的就快。因为舞台范围大，所以侦测舞台上的视频比侦测角色上的视频更容易一些。小车上的脚本如图8-19（1）所示，灰色方框脚本如图8-19（2）所示。运行程序，观察结果，程序总体功能实现后，再对不合适的地方进行微调。

图8-18　体感卡丁车

图8-19（1）　卡丁车侦测脚本（一）

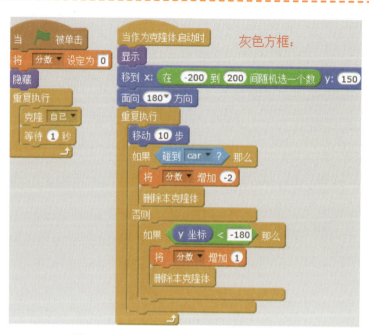

图8-19（2）　卡丁车侦测脚本（二）

8.4　时间侦测及应用

8.4.1　时间侦测指令

在"侦测"模块下，有关时间侦测的指令有4个，如图8-20所示，其中，数据指令有3个，分别是：计时器、目前时间的分/秒等以及自2000年至今的天数；命令指令有一个：计时器归零。下面通过几个小例子来学习这些指令是如何组合运用的。

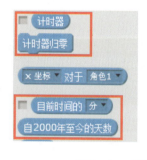

图8-20　时间侦测指令

8.4.2　具体应用

①　显示当前时间

分别取出"目前时间的年、月、日、周、时、分、秒"，如图8-21所示，通过"运算"模块下的"连接字符串"，将其连接并显示出来。这里的目前时间是自动获取计算机当前的时间（篇幅所限，图8-21后面连接的日和秒没能显示出来，自行添加即可）。

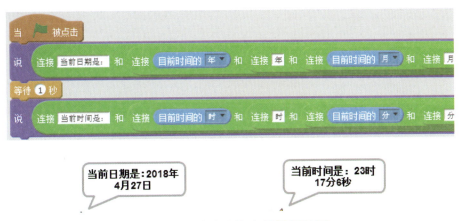

图8-21　连接字符串并显示时间

1）显示实时时间

为了让显示的时间不断更新，可以等待1秒后重复显示时间，这样看到的就是不断变化的时间，脚本如图8-22所示。

图8-22　显示实时时间

2）美化显示时间

如果希望显示的日期或时间更美观一些，可以使用Scratch提供的数字角色，配合编程来实现。首先制作数字角色，包含0～9共10个造型，造型名称分别是0，1，2，……

　　然后通过指令取出当前的时、分和秒，"时"的取值范围是从0～24，"分"是从0～59，"秒"也是从0～59。所以，取出时、分、秒后，需要先判断是几位数，然后对其拆分取出每一位的数字，再将其作为造型名去克隆相应的造型即可。

　　如图8-23是以求"时"为例的参考脚本，当取出的"时"为一位数时，先克隆0造型，然后移开30步（该数值与造型大小和希望的间距有关系，在实际编程时找到合适的数据即可），再克隆出另一个造型。调试好后，再进行"分和秒"的克隆显示。

　　注意观察造型编号和造型上数字的关系，如果想显示数字0，则需要将造型切换为编号1，两者之间相差1，基于这个特点，在程序中需要做相应处理。

图8-23　克隆"时"数字造型

　　由于"分和秒"的克隆显示与"时"基本相同，所以使用"新建功能块"，建立过程，通过传递不同的参数，来简化和优化程序。脚本如图8-24（1）所示，首先调用过程，传递参数"目前的小时"，移动30步后克隆"冒号"造型，同理，再依次传递参数"目前的分""目前的秒"，显示出此时的分和秒，调用过程分别传递参数"分和秒"。

　　最后，再让时间能实时显示。首先，需要等待1秒后重复显示时间，因此在克隆时添加了重复执行和等待1秒；其次，当作为克隆体启动时，等待1秒后，删除当前的时间显示，待1秒后再次克隆，将再次显示时间。因此，最终看到的效果是闪动的时间，就是因为这里间隔1秒进行重复显示和消失，如图8-24（2）所示。怎么样？你对目前的效果还满意吗？加油！

图8-24（1） 调用过程，显示时、分、秒　　　图8-24（2） 实时显示时间

② 倒计时提醒

倒计时提醒在生活中应用很广泛，可以督促我们遵守约定时间。在网络里很难搜索到类似的软件，要么功能不能满足需求，要么需要注册付费。接下来用Scratch制作一个倒计时提醒的程序，这个程序可以送给老师在课堂上使用，或者我们自己写作业的时候使用。

1）功能描述

用户可以设置倒计时的时间，之后计时开始，屏幕上显示剩余的时、分、秒，当最后剩余一段时间时，可以播放声音，作为提醒。

这里有两个关键指令："侦测"模块里的"计时器归零"，即从0开始计时；"事件"模块里的"当计时器大于"指令，组合起来可完成计时功能。比如，倒计时每秒减1，那么只要当计时器大于1时，就让计时器归零，重新开始计时。

2）算法与实现

程序运行时，询问用户设定时间，保存该变量。计时器每到1秒，变量就要减少1。同时将其剩余的时间实时显示在屏幕上，这里涉及分和秒的运算。比如，用户倒计时时间设置为5分钟，首先需要将其转换成5×60=300秒，然后让其每隔1秒减去1，比如，299秒，需要将其除以60，将商保留整数部分，再取余数，如299除以60后对应的整数是4，余数是59，那么舞台上显示的就是4：59。脚本如图8-25所示。

图8-25　倒计时提醒

在显示当前时间的程序上做了简单修改后，调试该程序，达到我们希望的效果了吗？答案是没有达到我们希望的效果。我们发现舞台上倒计时的显示有问题，没有连续递减，而是从一个数值突然减到了另一个值，原因是什么呢？一是在克隆体启动时，为了能看到时钟的效果，人为地等待了1秒；二是在绿旗事件下的重复里也等待了1秒。这些延迟就造成了时间显示不同步的情况，而倒计时功能对时间的精确度要求非常高。因此，为解决该问题，就不使用造型克隆，而是建立多个角色，每个角色明确分工，便于提高效率。

③　倒计时提醒——问题解决

1）建立5个角色

如图8-26所示，"分1"代表分钟的第1位数字，"分2"代表分钟的第2位数字，"秒1"和"秒2"分别代表秒钟的第1位数字和第2位数字。这4个角色造型相同，均包含0～9共10个造型，根据数值切换到相应造型。最后一个角色为冒号，用于间隔分和秒。

3. 倒计时实现

图8-26　倒计时中的5个角色

210

2）倒计时询问

程序运行时，先询问用户设置倒计时的时间，之后计时器开始计时。为此，需建立"标记"变量，计时前设置为0，之后为1，据此决定倒计时变量是否开始减少，如图8-27所示。

图8-27　标记变量的设置和使用

程序运行时，用户输入倒计时的分钟数后，将"回答"保存在变量"倒计时分"里，之后乘以60保存在变量"倒计时秒"里。继续询问用户是否准备好，等待用户回答为1时，将标记设置为1，发送广播。其他角色接收到该广播时，计算各自的数字及对应造型。

3）几个基本运算

（1）向下取整。

向下取整运算的功能是：不管小数部分是多少，只取出指定数值的整数部分。如1.1、1.9向下取整后，得到的值均是1；向上取整恰好相反，取出指定数值的整数+1，如1.1、1.9向上取整后，得到的值均是2。

4.几个基本运算

若倒计时变量为100秒，那么它对应几分几秒呢？需要将100除以60得到1.66，向下取整得到1，即100秒对应的是1分。后面的秒数可以通过下面的取余数运算获得。

（2）取余数。

该运算的功能是：取出两个数值相除后的余数。若倒计时变量为100秒，那么它对应1分几秒呢？需要将100除以60后，取得余数，即40。

（3）求长度。

该运算的功能是：取得指定数据的长度。如数值40的长度是2，1的长度是1，100的长度是3。

（4）取字符。

该运算的功能是：取得指定数据的第几个字符。如数值40的第一个字符是4，第二个字符是0。数值1的第一个字符是1，第二个字符是空。

4）角色造型切换

当接收到"显示时间"广播时，"分1""分2"和"秒1""秒2"4个角色需要分别计算数值后，切换到对应的造型，并显示。

（1）"分1"和"秒1"角色。对于"分1"角色，将倒计时秒除以60得到的数向下取整后，如果是1位数，表示分1为0，那么该造型切换为"数字0"，编号对应是1；否则，如果得到的商是2位数，那么取出商的第一个数字，将其加1，作为造型编号（角色造型里的造型编号和造型数字相差1，如图8-23所示）。同理，"秒1"角色的脚本大致与"分1"相同，只不过求取的是余数。脚本如图8-28所示。

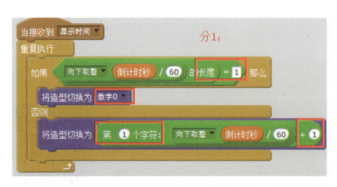
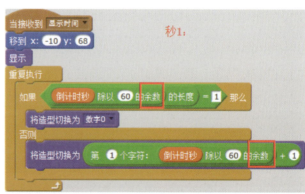

图8-28　"分1"和"秒1"角色的脚本

（2）"分2"和"秒2"角色。若倒计时秒除以60的数值向下取整后长度为1，那么"分2"对应的数值是取其第一个字符，将其加1后得到造型编号；否则，意味着长度为2，那么取得整数里的第二个数字，将其加1作为造型编号。"秒2"的分析同理，如图8-29所示。

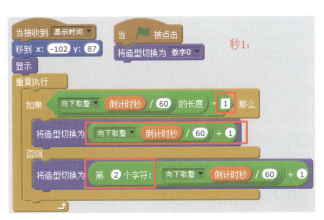

图8-29 "分2"和"秒2"角色的脚本

5）声音提醒

当倒计时剩余30秒时，可以重复播放声音以提醒用户，如图8-30所示。反复运行程序，或者给老师和同学使用，在应用中请大家给你提出修改建议，让程序的实用性更强。

5. 分和秒的运算

图8-30 倒计时声音提醒

④ 总结

在"显示当前时间"案例中，我们使用了一个角色，通过克隆不同造型，实现了时间的实时显示。当然，也可以像"倒计时提醒"案例一样，添加多个角色，这样程序脚本就会变得简单一些。所以，对于同样的功能通常会有多种解决方案，如果你希望用更少的角色实现更多的效果，那么代码的复杂度可能就会稍微高一些，但文件容量会小很多（可以查看文件对应的大小），需要的内存容量就会减少；反之，如果建立了多个角色，那么代码逻辑可能会容易一些，但文件所需的内存容量会大大增加。明白了这个道理后，在编程中就可以根据实际情况来选择合适的解决方案。

8.5　带进度条的倒计时

在游戏作品中，带进度条的倒计时应用也很普遍，如图8-31所示，下面在《小猫历险记》游戏基础上，实现带进度条的倒计时功能。

图8-31　倒计时进度条

8.5.1　需求分析

程序开始时，显示满格进度条，随着剩余时间的减少，进度条的宽度也在同步减小。

这里的角色是小方块，外加一个控制游戏开始的按钮；需要建立的变量是：剩余时间。游戏开始时，剩余时间初始化，进度条为满格；之后剩余时间减少，进度条长度也随之同步减少，直到剩余时间为0时，进度条完全消失，游戏终止。

8.5.2　总体设计

① 角色行为设计

根据项目功能，对角色行为设计如图8-32所示。

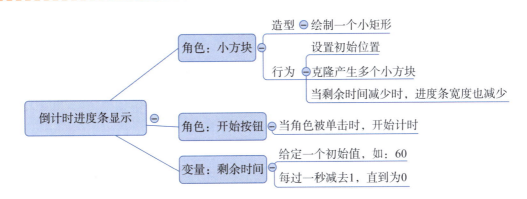

图8-32 角色行为设计

② 问题提出

根据功能描述和分析，编程时有两个关键点。

1）剩余时间减少

若按照1分钟倒计时的话，其初值设置为60，单位为秒。然后开启"计时器"，每当计时器大于1秒，该变量就减少1，计时器归零，重复该过程，直到变量为0，程序就结束。

2）进度条长度减少

进度条长度跟随变量"剩余时间"的减小而减小。即当变量为60时，进度条最长，当变量的值减小后，进度条缩短，直到变量为0时，进度条消失。

如何让进度条的长度能减少呢？可以从这几个角度考虑。

一是角色的外观上有"大小"这样一个数据，让角色大小的数值与"剩余时间"变量关联起来是不是可以呢？遗憾的是，Scratch角色大小的改变，只能是宽度和高度同时改变，没办法单独让宽度改变，因此，这种方法不太合适。

二是可以把进度条看作由多个小方块组成的，比如当"剩余时间"为60时，有60个方块并列显示，变量每减少1，方块就消失一个，用产生克隆体和删除克隆体可以实现该功能。

③ 准备素材

在绘图编辑器里找到"矩形"工具，建立一个长条填充红色实心的矩形造型，并且将其放在舞台右上角，角色名称为"小方块"；再添加一个"开始"按钮。角色列表如图8-33所示。

图8-33 角色列表

8.5.3　编程实现

① 给克隆体编号

在前面的游戏中，我们对本体、克隆体已经不陌生，比如，在《双人射击游戏》中，克隆出了多个僵尸，它们大小随机，位置随机，自右向左移动。但是我们没有指定某一个克隆体去执行某种具体功能。那么，能否给每个克隆体编号，进而控制让它们各自做不同的事情呢？下面先来做一个"小猫宝宝听指令"的游戏。

1）游戏功能

猫妈妈生了4只小猫，给它们分别编号为1、2、3、4。有一天，猫妈妈让它们外出朝4个方向去觅食，1号朝左走，2号朝右走，3号朝上走，4号朝下走。到天黑后，猫妈妈会发出广播，让它们赶紧回家，并且报号。

6. 小猫听指令

2）编程实现

建立"编号"变量，将其设置为"仅适用于当前角色"，这一点非常重要。因为克隆体会继承本体所有的特点，所以，既然"编号"的作用域为"当前角色"，那么，每个克隆体的编号将只属于自己，互不相同。如果"编号"变量被设置为"适用于所有角色"，那么每一个克隆体的编号将保持相同，我们就无法去控制每个克隆体。编号初值先设置为1，执行第一次克隆，克隆体的编号就是1；继续让编号增加1，第二个克隆体编号是2……最终，4个克隆体的编号分别是1、2、3、4。如图8-34所示。

图8-34　克隆体编号设置

当克隆体启动时，可以根据不同编号来确定不同的朝向，对应脚本如图。朝向确定好后，还要重复走起来，脚本如图8-35所示。运行程序，是不是4只小猫很听话呢？单击按钮后，猫妈妈发广播"回家"，小猫们听到广播后，就可以边报号边回家。

图8-35 克隆体的不同动作

② 算法分析

由上述例子可知，通过循环可以让小方块角色复制出60个克隆体，自左向右，组成一个长的进度条，每个克隆体都带有自己的编号，从1，2开始……一直到60；"剩余时间"初值为60，每减少一个，小方块就消失一个。那到底是哪个小方块消失呢？可以将"剩余时间"和小方块编号关联起来。当"剩余时间"为60时，将60号方块删除；当"剩余时间"为59时，就将59号方块删除……这样，变量不断减小，对应编号的方块就不断地消失……

③ 编程实现

1）产生克隆体，并编号

选择"进度条"角色，当单击绿旗时，本体隐藏，让进度条克隆60次，每移动5步后，在新的位置上克隆（5步是小方块的宽度，读者可以根据实际情况设置数值）。建立"克隆体编号"局部变量，先赋值，再克隆，每个克隆体就记住自己的编号。如图8-36（1）所示。

7. 带进度条的倒计时

2）剩余时间递减

当计时开始，运用计时器侦测功能，将"剩余时间"变量每秒减少1。这里又用到了前面所学的"计时器"。我们需要建立一个标志变量"开始计时"，来控制何时让计时器开始计时。因此，在绿旗被单击时，变量"开始计时"初值为0，当按钮按下的时候，其值为1。当计时器侦测到大于1秒时，先判断"开始计时"是否为1，如果是1，则表示可以开始计时了，此时会让

"剩余时间"变量减少，并且发送广播"进度条递减"，之后计时器归零。重复这个过程，当"剩余时间"等于0，那么就停止全部。如图8-36（2）所示。

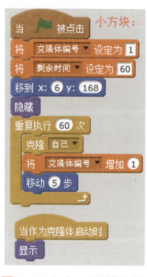 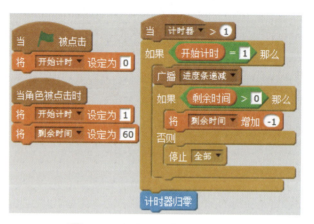

图8-36（1）　克隆方块　　　　　图8-36（2）　时间递减

3）小方块克隆体消失

当小方块角色收到"进度条递减"消息后，会将自己的编号与"剩余时间"比较，当二者相同的时候，就删除克隆体。如图8-37所示。

图8-37　克隆体删除

运行程序，观察变量的变化过程和进度条小方块的消失是否一致。有没有发现什么问题？对，最右边的小方块为什么没有消失呢？如图8-37所示。

④　问题分析

8.原因分析及解决

从流程上分析，显然最后那个小方块的编号应该是60，变量"剩余时间"为60的时候明明也广播消息了呀？难道没有同步？于是我们将关键点锁定在图8-36（2）的"广播"指令和"将剩余时间增加-1"的指令。它们的执行过程是：先发广播，广播发完后就来改变数据。发完广播后，由另一个角色接收广播，至于另一个角色什么时候能执行完接收广播中的指令，这里不关注。问题恰恰就在这里，试想，如果小方块角色接收到广播后，由于计算机内部原因，稍微耽误了一会儿，60号方块没来得及删除，结果计时变量就已经变为了59……

为了控制广播时可能存在的指令执行顺序差异的问题，Scratch还提供了另一种广播指令，即：广播并等待，其含义是：发完广播后，只有等接收广播里的指令全部执行完，才继续执行发送广播的后续指令。如图8-38所示，修改脚本，问题是不是解决了呢？

图8-38　广播并等待

9. 添加结束计时按钮

⑤ 添加结束按钮

运行程序，发现当单击舞台右上方的红色终止按钮时，程序并不结束，倒计时依然在进行，原因是计时器没有终止。为此，可以添加终止按钮角色，当单击该按钮时，设置变量"开始计时"为0，这样计时器就不会再起作用了。

8.6 本章小结

本章首先认识了身边的人工智能，了解了传感器的作用。运用Scratch中的距离侦测、音视频侦测、时间侦测指令编程实现了《大鱼吃小鱼》《体感游戏》《倒计时》等小游戏。待Scratch 3.0发布后，可以与micro:bit硬件、乐高机器人等结合，就可以连接真正的传感器，获取外界的数据，并在程序中处理和输出，来解决日常生活中的问题，让我们一起期待！

项目9　口算练习

用Scratch不仅可以编写小游戏，还可以编写故事、动画等，当然也可以用来开发一些实用的小软件，在这些小软件中融入游戏的元素，可以让我们在玩中学，提高学习兴趣。《口算练习》就是为数学口算训练提供方便的一款小程序。

9.1　需求分析

9.1.1　现实需求

在小学阶段，我们每天都要做很多口算题。因为口算训练对计算能力、思维能力、反应能力等等的提升均有重要作用。做口算题时，我们需要在瞬间进行复杂的思维活动，把题目进行分解、转换、变式、重组等，从而能够迅速、准确地解答。平时，老师都会发很多纸质题目让我们练习，父母也会买来口算题册给我们做。其实，用我们所学习到的Scratch知识完全可以开发一款方便学习的《口算练习》小游戏，让你在游戏中提升做题的速度和准确率。这款小软件可以设置题目数量、难度，可以批阅、显示错题，也可以限定时间，自己使用或者也可以分享给同学和老师，想一想，这是一件多么有意义的事情！

9.1.2　功能描述

程序开始时，可以说明软件的作用和使用方法，询问用户打算做题的数量。之后，系统会逐条显示题目，等待用户输入结果后，判断对还是错。每做对一道题可以加分（如加10分），做错了不扣分或者扣5分，等等。当然，我们做口算题的目的不是为了得分，而是为了能把题做准确，所以，做完题后，系统还会把刚刚做过的错题再重新显示，巩固练习，加深印象。

1. 演示程序功能

9.1.3　关键知识

这里面涉及的关键知识点包括：询问、生成随机数、随机出现加减乘除运算、判断用户结果是否正确、用链表存储错题等。这些知识点前期我们都学习过，但需要将它们进行逻辑组合与综合运用。

9.2　总体设计

9.2.1　界面设计

界面设计是用户体验程序功能的入口，一个清晰美观的界面很容易吸引用户。首先思考界面构成，在纸上画出来，或者用Scratch或其他作图软件（如画图、Photoshop）大概设计出来，形成一个初步的界面（见图9-1），这有助于进行后续的分析。

图9-1　《口算练习》界面

9.2.2　角色行为设计

根据程序功能分析，计划建立的角色包括：考官、第一个操作数的左边1位、第二个操作数的左边2位、运算符、第二个操作数的左边1位、第二个操作数的左边2位、等于号、问号。其中，有关操作数角色的造型包含0～9共10个数字造型，运算符角色包括"加减乘除"4个造型（这里限定每个操作数最多是2位数）。具体的角色名称如图9-2所示。

图9-2 《口算练习》角色名称

每个角色的具体行为分析如图9-3所示。

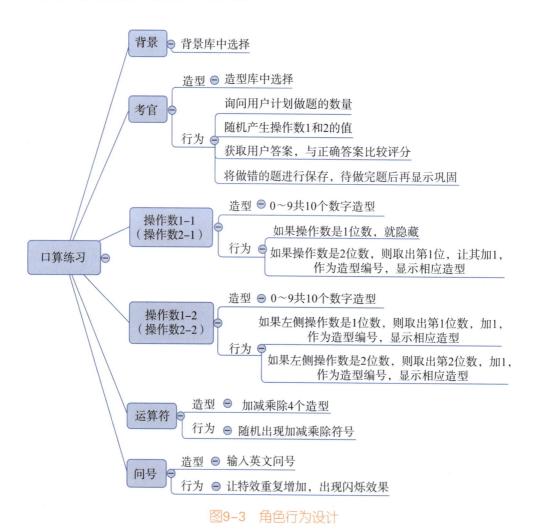

图9-3 角色行为设计

9.3 编程实现

9.3.1 建立角色造型

根据角色行为设计图，建立角色并命名。其中，4个操作数角色的造型全部一样：0~9共10个数字。如图9-4所示，显然，每个造型的编号比造型上的数字多1，所以当取出某位操作数后，如果要显示对应的造型，需要让操作数加上1后作为造型编号。

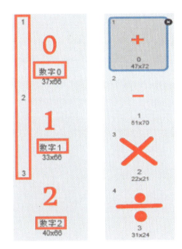

2. 建立角色及造型

图9-4 数字和运算符造型

另外，由于Scratch造型里的文本工具目前不支持中文输入，所以输入问号时，需要在英文输入法下才能输入。

9.3.2 考官出题

① **考官询问**

程序开始时，考官先询问用户打算挑战的难度级别，比如，初级代表两个10以内数的运算，中级代表两个20以内数的运算。用户根据自己的实际情况来选用。此外，每次打算做题的数量也可以选择，比如，当用户输入10时，代表要做10个题，考官后续会重复10次来出题。相应地，程序中需要设置两个变量，分别是题目难度和题目数量。当一切准备就绪后，发送广播

"出题"，参考脚本如图9-5所示。

图9-5　考官询问

② 考官出题

每一道口算题需要有2个操作数、1个运算符和1个标准答案，相应地需要建立4个变量，分别是数1、数2、运算符和标准答案，前3个变量随机取得。如果用户输入题目难度为1，那么操作数就可以取（1，10）之间的随机数；如果题目难度为2，那么可以取（10，20）之间的随机数来取得。

3. 考官出题

1）建立过程"产生操作数"

该过程带有一个"难度"参数（形参）。在过程外部，先让变量"题目难度"取值，当调用该过程时，就将"题目难度"（实参）传递给"难度"（形参）。在过程内部，就可以根据参数"难度"的不同数值来确定"数1"和"数2"。

2）建立过程"计算答案"

该过程带有一个参数"数字"（形参）。在过程外部，先让"符号数字"在1～4之间产生随机数，调用过程时，将变量"符号数字"（实参）传递给"数字"（形参）。在过程内部，根据"数字"的不同数值判断当前是哪种运算符，并将"数1"和"数2"进行运算，最终将结果赋值给变量"标准答案"。

3）实参和形参

实参和形参在以后的高级语言中应用很普遍，简单理解就是：实参有实际数值，其作用范围为过程外部的程序脚本；形参也叫形式参数，其值要靠实参传递才能获得，作用范围仅仅在该过程内部，该过程被调用完时，形参也就失效。

考官角色上的参考脚本如图9-6所示。

图9-6　考官出题

③ 显示题目

当其他角色收到"显示题目"消息后，切换合适的造型并显示，在舞台上形成一个算式。

4. 显示题目

1）角色：操作数1-1和操作数2-1的显示

这两个角色负责显示数1和数2的第1位数（最左侧），当操作数为个位数时，该角色造型隐藏即可；如果为两位数，则需要取出第1位数，将其加1后显示对应的造型。操作数2-1的脚本类似，把"数1"换成"数2"即可，参考脚本如图9-7所示。

图9-7　操作数1-1脚本

2）角色：操作数1-2和操作数2-2的显示

操作数的第2位，即右侧的个位数，则不需要分情况讨论，因为该操作数最多是2位数，最少是1位数。当是2位数时，其对应造型是取出操作数的第2个字符加1；当是1位数时，其对应取出操作数的第1个字符再加1。究竟应该取出第几个字符，可以先求得操作数的长度，用该长度来决定到底取第几个字符。即若操作数的长度为1，则说明是1位数，取出第1个数字；当长度为2，则说明是2位数，取出第2个数字。参考脚本如图9-8所示。

图9-8　操作数1-2的脚本

3）角色：运算符角色显示

运算符角色切换造型的编号可通过变量"符号数字"获得，如图9-9所示。

图9-9　运算符角色的脚本

4）角色：等于号和问号的显示

"等于号"角色直接在合适的位置显示即可。"问号"显示时可以设置多次重复，改变颜色特效，起到闪动提示的作用，参考脚本如图9-10所示。

图9-10　"问号"角色的脚本

9.3.3　考官判题

5. 考官判题

①　用户输入答案

当题目显示出来后，角色"考官"需要"询问"用户计算的结果。这里需要
建立变量"用户答案"，将"回答"保存，同时发送广播"判断
对错"。脚本如图9-11所示。

②　考官判题

当考官接收到"判断对错"消息时，会比较"用户答案"和
"标准答案"是否相同。如果相同，则给"得分"变量增加10
分。这里需要建立"得分"变量，在程序运行开始时将其分数设定为0分。如果答案不相同，则
说明做错了，这时需要将错题记录下来。因此，需要建立一个链表，用来存储变量"数1""数
2"和"运算符"，便于后期对错题进行巩固练习。参考脚本如图9-12所示。

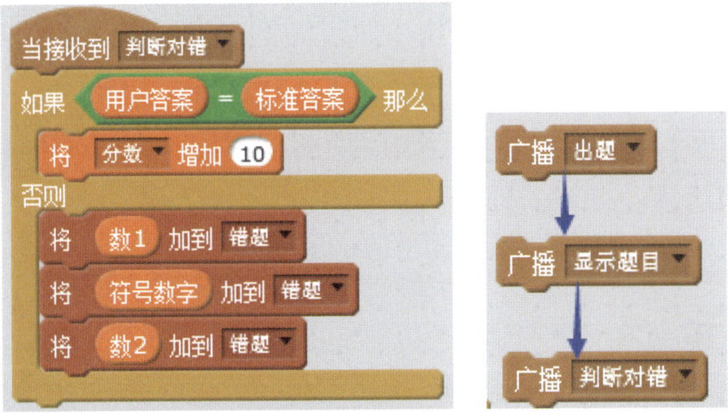

图9-11　"考官"询问用户答案

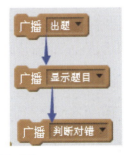

图9-12　"考官"判断对错

9.3.4　重复出题

6. 重复出题

前面实现了一道题的出题、显示题目与判断对错，这3个广播之间是有先后顺序的，也就是
说，在出下一道题的时候，需要确保前一道题的这3个环节都执行完。

因此，"考官"角色中的3个广播都需要改为"广播……并等待"，然后进行多次重复，这
样能确保每一道题的完整性。参考脚本如图9-13所示。

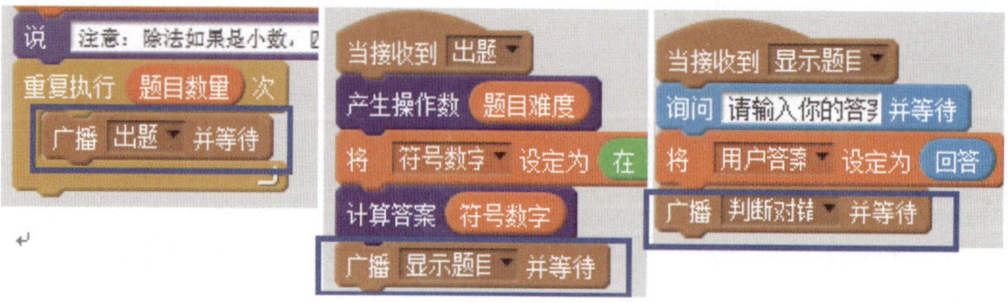

图9-13　重复出题

测试一下程序，看看执行是否顺畅？判断结果是否正确？如果功能实现了，再看看是否可以更加完善。比如，可以把刚才做错的题从链表中读取出来再次练习。

9.3.5　错题巩固

7. 错题巩固

在做完用户计划的题目数量后，可以把错题链表里的题目再显示，让用户巩固做一遍。因为错题链表中每道题存储了3个信息，分别是"数1""符号数字"和"数2"，因此，计算错题的数量是用链表的长度除以3，即错题的项目数/3，作为循环的条件。循环体内，发送广播"出错题"，在这个消息里，主要是从链表里取出每道题的"数1""符号数字"和"数2"，并发送"显示题目"广播，其他角色接收到该广播时，根据这几个变量值来显示题目。参考脚本如图9-14所示。

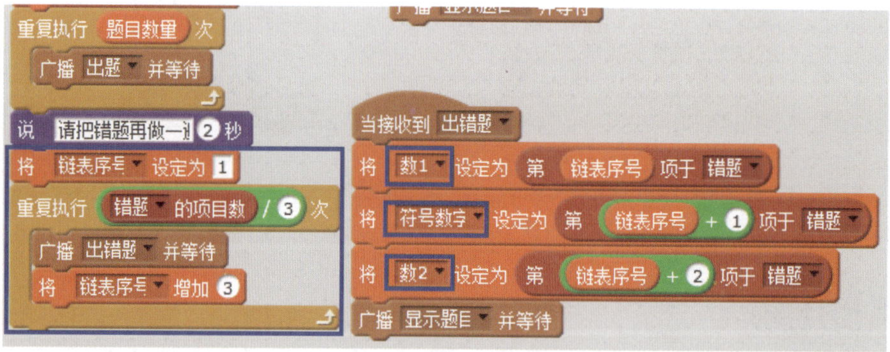

图9-14　显示错题

调试程序，观察错题是否显示出来了，是否有新的问题产生。比如，错题如果做对后，是不是可以从链表中删除该题呢？或者说错题是否需要巩固多遍呢？诸如此类的问题，可以根据自己的需求继续扩充。

9.3.6 除法特殊考虑

在随机出现的题目中，需要对除法运算进行特殊考虑。因为出现的结果有可能是无限小数。比如，有的是无限循环小数，如，10/3=3.33333……有的 8. 除法考虑及实现 是无限不循环小数，如10/7=1.42857……所以，对这种情况，可以预先进行约定。

① 规则设定

比如，告知用户除法运算的商如果是小数，那么保留小数点后1位小数（四舍五入）；同时，在考官判卷时，取得的答案也需要用同样的规则。在"运算"模块下的"将……四舍五入"，该指令最终得到的只能是整数。

如果想保留小数，则需要对其特殊处理。如，想保留小数点后1位数，计算时就需要关注小数点后的第2位小数，看其是否大于等于5；如果是大于等于5，那么就让小数点后1位小数加1。所以，这里需要运用多个运算符综合运算得出结果，建立3个变量，分别是整数位、小数1位和小数2位。

这里约定除法运算的规则是：保留小数点后1位数字。因此，需要判断小数点后第2位数字，来决定是否需要四舍五入。

② 算法分析

首先，将数1（比如为10）和数2（比如为3）的商向下取整，得到标准答案的整数部分（为3），用变量"整数位"保存。

然后，取出"整数位"的长度（为1）。此时，如果取小数点后1位的值，就是取出"数1/数2"（为：3.333333）的第3位（小数点本身算1位），即3；如果取小数点后2位的值，就是取出其中的第4位，也为3。

依据上述除法规则设定，如果要保留小数点后1位数字，那么需要取出并判断小数点后第2位的值然后判断：如果大于或等于5，那么就进一位给小数1位。最后，变量"标准答案"的结果是将"整数位"、小数点和"小数1位"连接起来。这里需要多次用到字符串截取、连接等指令。

③ 编程实现

修改考官角色上的除法脚本，如图9-15所示。

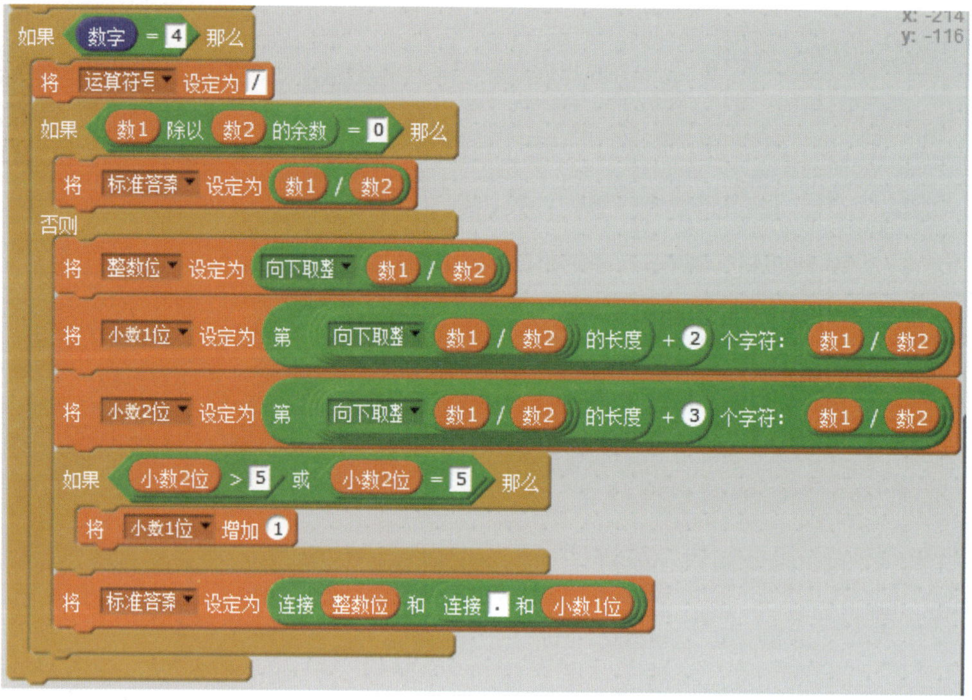

图9-15　除法的特殊考虑

9.4 本章小结

　　怎么样？到现在为止，你对口算训练程序的效果满意吗？当然，还可以扩充很多功能，比如，增加倒计时功能，限定做题时间，并且统计每次花费的时间，这些用之前学习的计时器来实现就可以。可能你还会希望在下一次做题之前，能够先把上一次做的错题显示出来，巩固训练。目前Scratch 2.0还实现不了该功能，因为变量和链表虽然能存储数据，但是其有效期是程序运行期间。只要把程序关闭再运行，变量和链表的值就会清空。但在Scratch 3.0推出后，我们希望能够实现该功能。

项目10 有声影集

从小到大，我们一定和家人去过很多地方，参加过很多活动，比如，运动会、研学旅行……相信都留下了很多珍贵的照片。我们可以围绕某个主题，把相关的照片整理在一起，配上音乐、文字，等等。下面利用Scratch做一个有声影集。

10.1 需求分析与设计

10.1.1 需求分析

① 功能描述

按照六要素将项目功能描述如下：

> **时间**：任意
>
> **地点**：任意
>
> **人物**：多张照片
>
> **起因**：将每次活动的照片收集起来，配上音乐和文字，留作纪念。
>
> **经过**：比如，暑期外出旅游照了很多照片，选出一些，让图片具有特效，按下"下一张、上一张、最后一张、第一张"等按钮，能让图片切换；按下开关按钮，能控制音乐的开和关等，做成一个带音乐（自创音乐）的影集，留作纪念。
>
> **结果**：看着有声影集，给生活多些纪念和回忆。

② 词性分析

1）找名词和动词，确定角色和行为

根据功能描述，找到的名词有：活动、照片、文字说明、音乐、影集、特效、按钮。找到的动词有：收集、按下、切换、音乐开、音乐关、自创。尝试为这些动词找主语，比如，照片有特

231

效、切换、按钮按下、音乐开/关等。因此，需要作为游戏角色的是：图片、音乐开关按钮、图片切换按钮（第一张、下一张、上一张、最后一张）。

2）找数据和关系，确定变量和逻辑

根据功能描述，与数据有关的是：一些、下一张、上一张、最后一张、第一张，需要保存的数据是图片编号；跟逻辑有关的是：当单击"第一张"按钮时，会出现第一张图片；当单击"下一张"按钮时，会把当前图片的下一张图片显示出来，其他按钮功能以此类推。

10.1.2 总体设计

① 角色行为设计

根据项目功能和词性分析，确定的角色有照片和5个按钮。照片可以包含多个造型，每个造型就是一张图片；5个按钮分别是：第一张、上一张、下一张、最后一张、音乐开/关。背景可以找一个带相框的图片，加上标题，可以在Photoshop中处理。另外，照片的尺寸设置需要根据舞台大小和界面设计来确定，照片出现的效果可以多种。角色行为设计如图10-1所示。

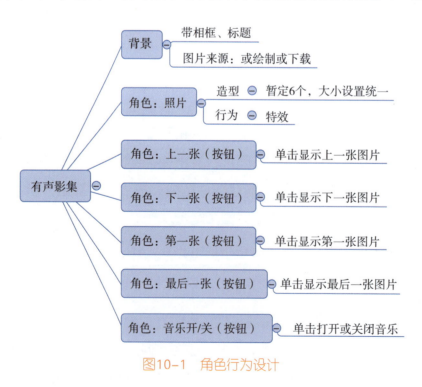

图10-1 角色行为设计

② 界面设计

从上述分析来看，可以大概画出界面布局，因为图片的尺寸需要根据布局的效果来大致估算，可以在本子上或者利用画图软件设计出界面，如图10-2所示。

图10-2　界面设计

③ 主要流程

1）处理照片

Scratch舞台宽度是480像素，高度是360像素，根据界面设计，在Photoshop中将图片尺寸统一处理，比如该项目中的图片宽度是360像素，高度是300像素。处理完后将文件保存为.jpg格式，等待使用。

2）制作背景图片

背景图片尺寸要和Scratch舞台尺寸一致，先从网上搜索合适的相框图片，相框尺寸要能容纳下照片的大小（如：照片计划是360像素×300像素），在相框上方加上文字标题，最终将背景图片保存成.jpg格式的文件等待使用。

3）上传素材

在Scratch项目中，上传背景图片，建立照片角色并上传多张图片作为其造型；建立5个按钮角色，并进行按钮的排列。

4）编程实现

当单击不同按钮时，让相应编号的图片出现，并且配有特效。音乐的开和关共用一个按钮，

233

何时为开何时为关需要判断。

④ 关键问题

根据分析的结果，需要解决的问题如下：

（1）如何上网搜索相框图片？如何在Photoshop中调整图片大小？标题文字如何输入？

（2）每张照片的特效有哪些？如何设置？

（3）当单击"第一张"和"最后一张"按钮时，如何显示对应编号的图片？

（4）当单击"上一张"和"下一张"按钮时，如何能根据当前图片编号显示相应的图片？

（5）如何自创音乐？何时该将音乐打开或者关闭？

10.2 素材准备和添加

10.2.1 处理图片

1. 网上下载图片

① 下载相框图片

建议使用百度搜索引擎，网址为http://www.baidu.com。打开浏览器（推荐使用360安全浏览器或谷歌浏览器），在地址栏中输入网址后，出现百度页面，找到"更多产品"，选择"图片"，会打开"图片搜索"页面，然后找到关键字输入框，在其中输入需要的关键字，如"相框"，这时会把类似的图片搜索出来并显示。

仔细观察，在搜索出来的每张图片的左下角显示出了图片大小，右下角有"下载原图"按钮，单击后，可将图片下载保存到本机上，如图10-3所示。

图10-3　网上下载图片

 在PS中抠图

首先，要在计算机上预先安装好Photoshop图像处理软件（本书使用的是Photoshop CS6）。启动Photoshop，单击"文件"→"打开"命令，选择刚刚下载的相框文件，单击打开（注意：如果计算机上没有Photoshop软件，需要下载安装）。

在屏幕左侧的工具栏里，找到第4项的"魔棒工具"，单击该工具后，在相框图片的外部单击，可以看到自动出现虚线框，此时按住Shift键不松手，继续单击，会发现虚线框逐渐连接成了一片，直到把相框之外的部分都选中为止（如果原图中背景颜色单一，使用魔棒工具单击外围一次即可），如图10-4所示。

2. 在PS中抠图

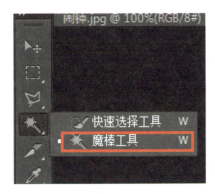

图10-4　抠图

此时右击，选择"选择反向"命令，会把需要的相框选中。继续右击，找到"通过复制的图层"，单击后，观察屏幕右下方的图层，由原先的背景图层增加了一个新的图层，关闭掉"背景"图层（即单击背景所在图层前面的眼睛将背景隐藏），观察屏幕上此时的效果，如图10-5所示。

可以将视图放大多倍（按下Ctrl键，再多次按加号+）；如果要缩小，则在按下Ctrl键的同时多次按减号-。确保选中该图层，使用橡皮擦工具将图片左下角的部分擦除（此时，橡皮擦工具可以设置得小一些）。之后，执行菜单栏的"图像"中的"裁切"命令，单击"确定"命令即可，就可以把相框周边多余的部分裁切掉。如图10-5所示。如果发现有空余却裁切不掉的情况，一定是周边还有星星点点的部分需要用橡皮擦除掉（此时橡皮擦工具可以设置得大一些），再试试，此时能否裁切了？

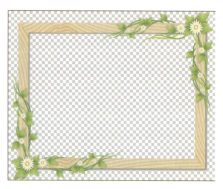

图10-5　图片裁切

最后，要把图片保存成一个不带背景的透明图片，还需要在保存文件时选择.png格式的图片。具体操作如下：单击"文件"→"存储为"命令，文件格式选择".png格式"，输入文件名，设置好存放位置，单击"保存"按钮即可。

③ 合成背景图片

1）新建文件

启动Photoshop，在菜单栏选择"文件"→"新建"命令，出现对话框，设置完成单击"确定"按钮，出现白色画布，背景图片的宽度和高度分别为480像素和360像素，如图10-6所示。

3. 合成背景图片

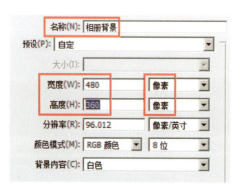

图10-6　新建文件

2）置入文件

在菜单栏选择"文件"→"置入"命令，找到之前做好的"相框"文件，单击"确定"按钮后，多出一个图层，并自动将相框图片打开，四周出现控点，可以拖动调整大小，在Photoshop CS6版本中也可以直接在菜单栏下方对应的框中输入精确的宽度和高度，如

图10-7所示。

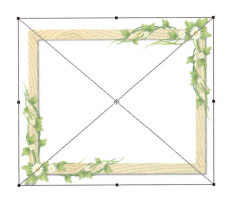

图10-7　置入文件（1）

3）建立矩形做参考

　　为了精确调整相框大小以便确保能容纳360像素×300像素的照片，这里可以建立一个同样尺寸的矩形作为参考，来进一步调整相框尺寸。从左侧工具条中找到"矩形工具"，在画布上单击，可以设置其尺寸为360像素和300像素，如图10-8所示。可以发现，目前相框尺寸有些小，容纳不下矩形，所以要么修改相框尺寸，要么修改预计的照片尺寸。

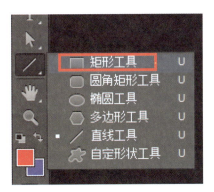

图10-8　置入文件（2）

　　这里，不改变相框尺寸，而是修改计划的照片尺寸。方法是：首先选中矩形图层，按下Ctrl键和T键，矩形边框会出现控点，拖拉控点改变大小，使其恰好在相框之内，观察此时的宽度和高度（300，233），记住这个值，就是后期要处理的6张照片的准确尺寸。

　　因为这个矩形就是为了做参考辅助计算出照片的尺寸，所以计算好后单击矩形所在图层，选择"删除图层"即可。

4）添加文字标题

从工具条中找到"T文本工具"，选中后，在画布上单击，出现一个竖条等待输入文字，比如，美好的回忆，选中后，可以在上方工具栏里对字体、字号、颜色等进行设置，确定后，自动产生一个文本图层。如果对文本的位置不满意，可以使用"移动"工具来调整。如果对文字设置仍然不满意，可以选中图层后，单击"文本工具"，单击画布上的文字，进入编辑状态，如图10-9所示。

图10-9　添加文本

5）为背景填充颜色

选中"背景"图层，在工具栏中找到"油漆桶"工具，然后找到工具栏下方的"取前景色"工具，单击后，选取合适的颜色，之后单击画布，背景颜色设置成功。如图10-10所示。

6）保存背景图片

单击"文件"→"存储"命令，可以保存成psd文件。这是Photoshop的源文件，以后可以打开文件继续修改。但是在Scratch中使用的图片格式可以是.jpg、.png、.bmp，所以，需要单击"存储为"命令，选择.jpg格式，输入文件名，可以将其保存在指定的位置备用。

图10-10　填充背景颜色

10.2.2 制作文字按钮

因为目前Scratch 2.0不支持中文，所以要制作"第一张""上一张"等文字按钮时，需要在Photoshop中制作。待Scratch 3.0发布后，只需在Scratch中建立文字即可。当然，学习使用Photoshop也能提升我们的信息技能呦！

4. 制作文字按钮

① 新建文本

启动Photoshop，单击"文件"→"新建"命令，画布的宽度和高度分别是100像素和30像素（这个值是根据界面设置估算的）。在工具栏中选择"T文本工具"，在背景上输入"第一张"，设置字体、字号、颜色、加粗等，单击"确定"按钮。设置满意后，保存.psd源文件，以备日后再修改。同时，将"背景"图层设置为隐藏，单击"文件"→"存储为"命令，将其保存为透明背景的.png格式，制作好"第一张"文字按钮。

② 复制图层

建议在Scratch中添加背景，以及添加刚做好的文字素材，看一下整体效果，如果可以，再用复制图层修改文字的方式继续制作其他文字。步骤如下：

打开做好的"第一张.psd"源文件，将鼠标指针移动到文字所在的图层上，选择"复制图层"命令，出现对话框，其中给出了默认的新图层的名字，也可以修改图层名称，比如修改为"最后一张"，确定后，就增加了一个新的图层。选中这个图层，单击左侧工具条的T文本工具，然后在画布的"第一张"文字处单击，将其删除，修改为"最后一张"。将背景图层隐藏，再将"第一张"图层隐藏掉，如图10-11所示。

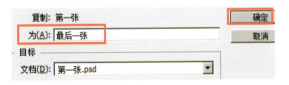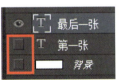

图10-11 复制图层

做好之后，将目前的.psd文件再保存一次，并将其存储为透明背景的.png文件格式，留待后面使用。用同样的方法，可以建立其他需要的文字并存储为.png文件。

10.2.3　调整图片尺寸

经过前期对照片尺寸的估算到实际处理时对尺寸的再估算，认为从整体布局的角度，照片设置为宽度300像素、高度233像素比较合适。因此，新建文件的画布尺寸设置为300像素和233像素，然后将照片置入即可。当然，您的图片尺寸未必与此一致，这取决于界面的布局。

由于照片和画布的宽高比有差异，所以置入的图片可能还需要调整尺寸，可以通过照片四周的控点进行调整。为了不影响照片原先的宽高比，需要在拖拉控点的同时，按Shift键，这样可确保等比例地缩放图片，拖拉直到画布上被充满了照片为止，如图10-12所示。

显然，为了匹配画布的尺寸，需要牺牲原照片的很多内容。可以用鼠标移动右图中的图片，看看希望画布上保留照片中的哪些内容，调整合适后，单击上方属性栏上的"✔"按钮来确定。最后保留一份.psd源文件（如"照片处理.psd"），同时也将存储一份.jpg文件。

图10-12　图片尺寸处理

同理，其他照片都可以置入到该源文件中，把其他图层隐藏，对当前图层用上述方法调整即可，最终保存.psd源文件后，同时也把该图层的图片存储为.jpg格式。处理后的图片如图10-13所示。

5. 调整图片尺寸

图10-13　处理后的图片

10.3　编程实现

素材准备好后，可以将它们依次添加到Scratch中，调整角色的位置和大小，搭建出美观的界面。如有需要，也可以使用Scratch自身的绘图编辑器对造型再做一些处理。最终的界面如图10-14所示，相信你的界面布局一定更好看！

图10-14　程序界面参考

该程序的核心功能集中在5个按钮上，前4个按钮主要是控制显示照片的造型编号，最后一个是用Scratch弹奏音乐，并用按钮实现音乐的"开"和"关"。总体而言，该程序的逻辑比较简单，但是用到的知识点比较多。

10.3.1　关联知识

①　造型编号

如图10-15所示，设置造型时可以指定造型的名称，也可以指定造型编号。该例中我们为照片角色准备了6张图片，造型编号从1～6。可以建立一个变量"编号"，初始值为1，当单击"下一张"按钮时，让其加1；当单击"上一张"按钮时，让其减1。在切换造型指令中，将造型切换为"编号"变量。

图10-15　造型切换

② 弹奏音乐

展开Scratach 2.0的"声音"模块，除了有关于播放声音的指令外，还可以自己创作和弹奏乐曲。对应的指令有弹奏鼓声、音符、设置乐器、演奏速度，等等，如图10-16（1）所示。在Scratch 3.0中，弹奏音乐功能在"添加扩展"的Music模块下。

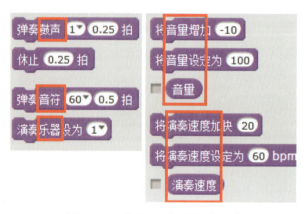

图10-16（1）　声音模块指令

1）设置弹奏乐器

Scratch提供了21种乐器类型，可以根据需要去选择，默认1为钢琴，2为电子琴……

2）弹奏音符

弹奏音符指令包含两个参数：一是弹奏什么音符，二是音符持续几拍。打开"音符"参数，默认以键盘方式呈现了中音的8个音符以及低音的8个音符，如图10-16（2）所示。

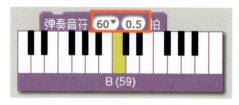

图10-16（2）　弹奏音符参数设置

用60代表中央C，即中音1（Do）是60，2（Re）是62，3（Mi）是64，4（Fa）是65……音符和其数值对应的规律如下：3（Mi）和4（Fa）是两个半音，7（Si）和1（Do）是两个半音，相邻两个半音的数值差1，除此之外，其他的音符数值间隔都是2。Scratch中能弹奏的音符数量和钢琴上琴键的数量一致，其数字和音符关系对应如表10-1所示，其他以此类推。

表10-1　音符与数字对应关系

低8度	数字	中音	数字	高8度	数字	高2个8度	数字
1（Do）	48	1（中央C）	60	1（Do）	72	1（Do）	84
2（Re）	50	2（Re）	62	2（Re）	74	2（Re）	86
3（Mi）	52	3（Mi）	64	3（Mi）	76	3（Mi）	88
4（Fa）	53	4（Fa）	65	4（Fa）	77	4（Fa）	89
5（Sol）	55	5（Sol）	67	5（Sol）	79	5（Sol）	91
6（La）	57	6（La）	69	6（La）	81	6（La）	93
7（Si）	59	7（Si）	71	7（Si）	83	7（Si）	95

3）弹奏鼓声

Scratch可以弹奏18种鼓声，每种鼓声持续的时间可以通过节拍来设置，在自创乐曲时可以根据需要使用。

4）音量节奏

可以将乐曲的音量及演奏速度增加或减少或者设定为一个数值，在需要时也可以取得乐曲的音量和节奏。

练习

《小星星》乐曲的简谱如图10-17所示，右侧显示了对应小节的指令，编程并播放音乐，其他小节的指令可以自行补充。

练习

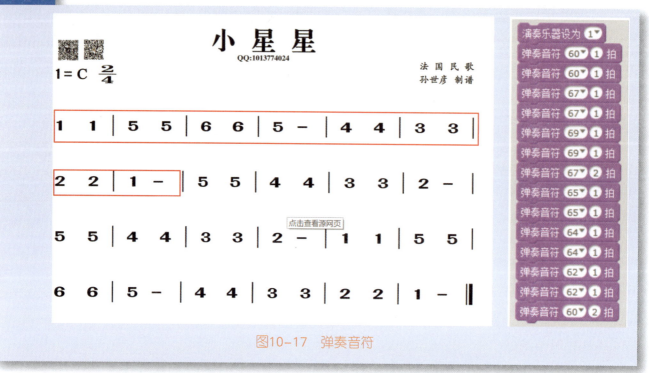

图10-17　弹奏音符

③ 标志变量

前面学习过，标志变量也是一个普通变量，它通常不是为了存储数据，而是为了逻辑控制。比如，同一个按钮既负责打开音乐，也负责关闭音乐，那么何时为打开？何时为关闭？这时可以使用标志变量来判断。

10.3.2　功能实现

① "第一张"和"最后一张"按钮

建立"编号"变量，适用于所有角色。当单击不同按钮时，就会赋给"编号"变量不同的数值，进而显示不同的图片。当单击"第一张"按钮时，将编号变量设置为1；当单击"最后一张"按钮时，将编号变量设置为6，同时发送广播"显示图片"。"照片"角色当接收到该广播时，就将造型切换为对应编号的图片。参考脚本如图10-18所示。

6. 按钮功能实现

图10-18 "第一张"和"最后一张"脚本

② "上一张"按钮

单击"上一张"按钮时，需要先取得照片当前的造型编号（通过发送广播来实现），然后让编号减1。但是不能无限制地减小，因为造型编号最小是1。所以，当此时的造型编号为1，那么让其依然为1；否则，就减少。参考脚本如图10-19所示。

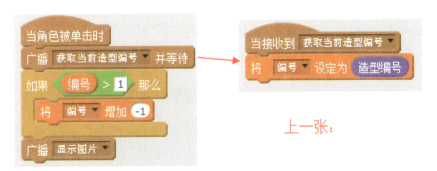
图10-19 "上一张"按钮脚本

③ "下一张"按钮

该按钮上的功能与"上一张"类似。需要先取得照片角色当前的造型编号，然后判断编号的值是否是小于6，如果小于，就让编号增加1；如果等于6，那么就不增加，即当到达了最后一张图片后，再单击"下一张"按钮，依然显示最后一张图片。参考脚本如图10-20所示。

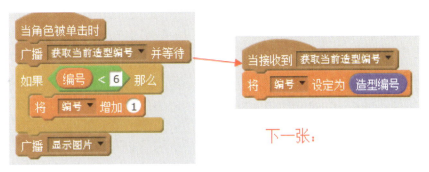
图10-20 "下一张"按钮脚本

④ "音乐开/关"按钮

该按钮是开与关共用按钮，到底是打开还是关闭音乐，可以通过建立一个标志变量来判断。如变量名为flag，约定该变量有两个值：1代表打开音乐，0代表关闭音乐。初值可以设置为1，即程序运行时默认音乐播放。当按下了按钮，先判断flag变量为1还是0，如果原先为1，则说明音乐本来是播放的，此时需要将音乐停止播放，并且变量改为0；同理，如果原先为0，则说明音乐本来是停止的，此时需要将开启播放，同时将变量设置为1。流程图及对应的脚本如图10-21所示。

7. 音乐开和关

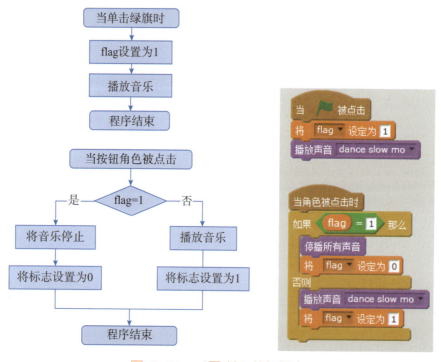

图10-21 "开/关"按钮脚本

⑤ 编程弹奏《小星星》

在"音乐开/关"按钮角色添加了声音文件，当单击绿旗时，开始播放声音文件；当单击开/关按钮时，控制音乐打开或者关闭。如果是用程序弹奏音乐的话，该如何实现呢？为让脚本显得紧凑，将弹奏音符的指令写在过程里，脚本如图10-22所示。